자연이 주는 사계절 선물

잼
콩포트
식초
청

자연이 주는 사계절 선물

잼 콩포트 식초 청

ⓒ 김영빈, 2015

1판 1쇄 2015년 7월 16일 펴냄
1판 2쇄 2016년 9월 5일 펴냄

지은이 김영빈
펴낸이 김성실
책임편집 김성은
표지디자인 채은아
제작 한영문화사

펴낸곳 윈타임즈   **등록** 제313-2012-50호(2012. 2. 21)
주소 03985 서울시 마포구 연희로 19-1. 4층
전화 02) 322-5463   **팩스** 02) 325-5607
전자우편 sidaebooks@daum.net

ISBN 979-11-85651-78-1 (13590)

잘못된 책은 구입하신 곳에서 바꾸어 드립니다.

이 도서의 국립중앙도서관 출판시도서목록(CIP)은 서지정보유통지원시스템 홈페이지(http://seoji.nl.go.kr)와
국가자료공동목록시스템(http://www.nl.go.kr/kolisnet)에서 이용하실 수 있습니다.(CIP제어번호: CIP2015017258)

잼
콩포트
식초
청

김영빈 지음

　계절이 바뀔 때마다 자연은 우리에게 커다란 선물 보따리를 풀어 놓고 마음껏 누리라 한다.

　봄이 되면 내리쬐는 햇살도 불어오는 바람도 살갗에 닿는 느낌이 달라진다. 잔디도 나무도 연둣빛 새싹을 뾰족뾰족 내밀기 시작하면 몸도 마음도 분주해진다. 이제 한 해의 살림 농사 준비를 해야 할 시기이다. 세상이 온통 녹색으로 물들고 나무마다 열매가 주렁주렁 풍성해지면 땅이 주는 선물을 받아 깨끗하게 다듬어 일 년 내내 먹을 것들을 차곡차곡 저축이라도 하듯 저장한다.

　어린아이의 목욕탕만큼 커다란 양은대야에 딸기가 가득 담기면 친정 엄마는 크기별로 모양별로 골라 딸기잼도 만들고 콩포트도 만들었는데 참 이상하게도 엄마 곁에 앉아 하나씩 골라 먹는 딸기는 예쁜 접시에 담아 주시는 딸기보다 훨씬 맛있어 자꾸만 손이 간다.

　장마가 시작되고 드물게 볕이 좋은 날엔 이때다 싶은 마음으로 이제 막 크기 시작하는 채소들을 돌봐준다. 6월은 늘 분주하다. 초순이 지나면서 매실이 출하되면 머릿속도 마음도 저장음식 스케줄을 자연스럽게 구상하게 된다. 매실 한 가지로 잼, 청, 절임도 담그고 식초까지 만들면 일 년 저장식의 반은 끝난 것 같다.

　일 년 중 가장 눈코 뜰 새 없는 가을엔 오곡백과가 무르익어 서로 자신을 다듬어 달라고 손짓 하니 살림하는 사람의 마음은 급하기도 하지만 신나기도 하다. 수들수들 말리고 바삭바삭 말리고 새콤하게 절이고 달달하게 절이고 쏟아지는 식재료에 찬장과 냉장고는 숨이 막힌다고 헐떡이지만 장바구니에 담아 가라고 애원하는 가을걷이들을 외면할 수 없는 행복한 때이다.

　추운 겨울엔 할 일이 없는 것처럼 느껴지지만 귤과 레몬으로 잼도 만들고 청이나 마멀레이드를 만들어 두면 아이들 감기 예방과 간식의 밑거름이 된다.

C·O·N·T·E·N·T·S

유리 보관 용기

오랫동안 두고 먹을 저장음식을 보관하기 위해서는 용기의 선택이 중요하다. 음식의 양이 많다면 소독한 항아리에 보관해도 좋으나 소량의 저장식은 다양한 크기의 유리병이나 유리 밀폐 용기가 편리하다.

유리 용기의 종류

나사식 금속뚜껑 병
여닫기도 쉽고 밀폐성이 좋아 어떤 음식이든 보관이 가능하다. 뚜껑이 일체형인 것도 있고 밴드와 리드가 분리되어 탈기가 손쉬운 병도 있다.

압력식 혹은 용수철식클립뚜껑 병
고무나 실리콘 패킹이 부착되어 있고 금속으로 된 마개 고정장치를 덮거나 눌러서 병을 여닫는데 크기와 종류가 다양하다.

플라스틱뚜껑 병

여닫기는 쉽지만 탈기가 어렵고 밀폐가 되지 않아 발효나 숙성이 완료된 저장음식을
조금씩 덜어서 보관할 때 사용한다.

실리콘 처리가 된 플라스틱뚜껑 용기

실리콘으로 처리가 되어 있는 뚜
껑은 일반 플라스틱뚜껑보다 밀
폐가 잘 되기 때문에 발효식품을
저장할 때 항아리 대용으로 사용
한다. 넓고 얕은 것보다는 깊고 좁
은 용기가 공기를 차단하기 좋고
발효도 잘된다.

입구가 좁고 긴 병

시럽이나 청, 소스 등을 넣어서 보
관하기에 편리하다. 뚜껑이 플라
스틱이거나 금속제보다는 용수철
식클립뚜껑이나 코르크 마개가
여닫기에 좋다.

병의 소독

저장음식이 상하는 원인은 곰팡이와 세균에 있다. 용기를 소독하여 사용하면 세균과 곰팡이의 번식을 막을 수 있고 저장기간도 늘릴 수 있다.

1. 알코올 소독

열탕 소독이 불가능한 크기의 병, 입구가 좁고 긴 병은 알코올 도수가 높은 증류주로 소독한다. 술의 도수는 35도 이상이어야 살균 효과가 있다.

2. 자외선 소독

열탕 소독이 불가능한 병들은 깨끗이 세척한 뒤 햇볕에 반나절 정도 말려서 사용한다. 단 황사가 심하거나 그늘진 날은 효과가 없으므로 햇볕이 좋은 날에만 할 수 있다는 단점이 있다.

3. 열탕 소독

효과가 가장 좋은 소독법으로 장아찌나 피클, 잼이나 콩포트, 시럽 등 다양한 저장음식을 안전하게 담아 둘 수 있다. 큼직한 냄비에 병을 넣고 물을 천천히 부은 뒤 중불에서 팔팔 끓인 다음 꺼내 깨끗한 면포에 입구가 아래쪽을 향하도록 놓고 자연 건조시킨다. 뚜껑이나 패킹은 변형될 수 있으므로 20~30초 정도만 소독한다.

탈기

병 속의 공기를 빼내는 과정을 탈기라 한다. 탈기를 하면 병 속의 산소량을 최소화하여 호기성세균이나 곰팡이의 발육을 억제한다. 저장기간 동안 향기, 맛, 색 등의 변질을 막아 보관기간도 늘릴 수 있다. 병조림을 탈기·살균하는 온도와 시간은 열의 전도도, 내용물의 종류, 세균의 종류에 따라 달라진다.

1. 거꾸로 세워두기

잼, 시럽, 콩포트는 뜨거울 때 바로 병에 담아 뚜껑을 닫고 뒤집어 식힌 뒤 식으면 다시 세운다.

2. 병째 끓이기

용수철식클립뚜껑 병은 뚜껑을 열고, 일반 병은 뚜껑을 살짝 올리거나 살짝 닫아 냄비에 담는다. 병 높이의 70퍼센트 정도의 물을 붓고 센 불로 가열하고 끓어오르면 중약불로 줄여 30분 정도 가열한 뒤 뚜껑을 꽉 닫아 병을 뒤집어 식히고 다시 세워 둔다.

3. 식히기와 확인하기

탈기와 살균이 끝난 병 저장식은 뜨거울 때 뚜껑을 조인 후 내용물이 열에 의해 변질되는 것을 막기 위해 바로 서늘한 곳에서 식힌다. 냉각이 충분하지 못하면 내용물의 조직의 색이 연화되어 변질되거나 호기성세균이 번식될 수 있다. 뜨거운 병 저장식은 급냉하면 깨지므로 서늘하고 건조한 곳에서 식힌다. 병저장식을 만든 뒤 뚜껑의 가운데 부분을 눌렀을 때 잘 눌리지 않고 소리가 나지 않아야 한다. 소리가 나거나 눌리면 다시 탈기 과정을 거친다.

홈메이드 저장식 만들기

1. 당장법

당장법은 설탕을 이용하여 과일이나 채소 등을 장기 보존할 목적으로 만든 저장식이다. 고농도의 설탕을 식재료에 넣으면 식재료의 수분을 빼내는 탈수작용으로 미생물이 번식할 수 없도록 방부효과와 식품의 산화를 방지하는 효과가 있다.

당장에 사용하는 설탕은 순도가 높고 무향이며 재료의 풍미를 그대로 살려 주는 백설탕이 적합하다. 그래뉴당을 사용하기도 한다. 유기농설탕이나 흑설탕을 사용하기도 하는데 맑은 시럽이나 과일의 풍미가 백설탕을 사용했을 때보다는 좋지 않은 편이지만 개인의 기호에 맞춰 사용하도록 한다.

당장법에는 잼, 마멀레이드, 콩포트, 시럽, 청, 효소, 정과 등이 있다. 약간의 단맛과 즙이 있는 과일과 채소라면 모두 만들 수 있는데 제철의 싱싱한 재료를 사용해야 과즙이 풍부하고 향도 좋은 결과물을 얻을 수 있다. 상처가 난 과일이나 채소류는 도려내고 사용하는 것이 좋다.

감귤처럼 껍질도 먹을 수 있는 과일류는 왁스코팅된 표면을 베이킹소다로 문질러 씻은 뒤 뜨거운 물로 꼼꼼히 세척해야 한다. 너무 단단하거나 수분감이 없는 과일이나 채소는 믹서에 갈거나 주스나 과즙 같은 수분을 첨가하여 만들기도 한다. 과일과 채소에는 펙틴이라는 식이섬유가 있어 조리거나 절이면 걸쭉한 농도가 생기는데 산도가 높은 과일이나 채소에는 펙틴질이 부족해 시판 펙틴을 첨가하기도 한다.

절임, 청, 효소 등은 크게 보면 같은 범주다. 과일이나 채소를 설탕이나 꿀에 재워 두었을 때 위에 떠오르는 맑은 물을 청이라고 하고 절여진 과육은 절임, 청을 오랜 시간 숙성시킨 것은 효소라고 한다.

잼이나 마멀레이드, 콩포트, 시럽은 가열하여 만든 것이고, 절임, 청, 효소는 가열을 하지 않아 원재료의 풍미를 더욱 많이 가지고 있다.

청이나 효소를 만들 때 설탕은 손질한 과일과 채소의 동량을 넣는데 아파트는 주택이나 실외보다 따뜻하므로 동량보다 많은 양인 1.2~1.5배 정도의 설탕을 넣는 것이 좋다. 마지막에 올리고당을 약간 넣어 주면 설탕이 빨리 녹고 과일이나 채소가 청 밖으로 나와 부패되는 것을 막을 수 있다. 청이나 효소를 만들고 남은 과일이나 채소 절임은 곱게 갈아서 잼으로 활용할 수 있고 그대로 소주나 청주를 부어 2~3개월 정도 숙성시키면 과일주나 채소주를 만들 수도 있다.

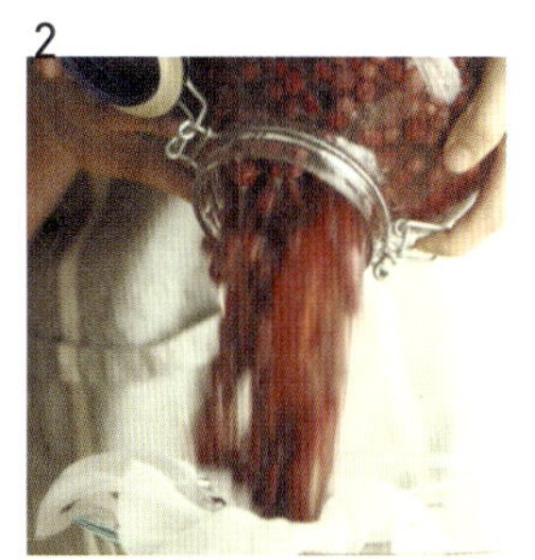

과일이나 채소를 설탕에 졸여 잼이나 콩포트 등을 만들 때 저장성을 높이기 위해서는 과육 무게의 50퍼센트 정도의 설탕을 사용하고 제철의 단맛이 강한 식재료는 설탕의 양을 30퍼센트 정도로 줄여서 만들어도 좋다. 단맛이 강한 열대과일이나 텁텁한 단맛이 나는 단호박 같은 채소류에는 소금을 약간 첨가하면 깔끔한 단맛을 느낄 수 있다. 잼이나 시럽의 완성 단계에서 풍미를 주기 위해 럼주나 와인을 넣기도 하고 꿀이나 올리고당을 넣어 부드러운 질감을 주기도 한다. 레몬즙을 뿌리거나 넣으면 상큼한 맛이 돌고 과일이나 채소의 색상이 선명해진다.

❶잼은 신선한 과일에 설탕을 뿌려 과일의 수분이 설탕을 녹이게 한 뒤 과일의 종류에 따라 ❷레몬즙을 뿌리고 과일이 물러 농도가 생길 때까지 ❸중약불로 졸여서 만든다. 잼을 만들 때 조금 묽다 싶을 때 불을 꺼야 식은 뒤에 적당한 농도가 된다. 잼 방울을 찬물에 떨어뜨렸을 때 풀어지지 않고 방울지면 적당한 농도다. 당장을 할 때 독특한 풍미를 주기 위해 민트나 세이지(샐비어) 같은 허브나 생강, 계피 등을 함께 사용하기도 한다.

2. 발효

식초는 과일이나 채소, 곡물에 소량의 당이나 효모 등을 가미해 발효시켜 알코올을
만든 뒤 초산 발효과정을 거쳐 만든다. 요새 열풍인 과실청이나 과일식초는 ❶과일을
으깨거나 주물러서 무르게 한 뒤 경우에 따라 당분을 넣고 ❷❸숙성발효시켜 만든다.
가정에서는 매실, 포도, 사과, 감식초 등을 손쉽게 만들 수 있는데 시판 식초에 비해
유기산이 다량 들어 있기 때문에 건강에도 좋고 산도가 부드럽고 향이 좋다. 우리가
부엌에서 주로 쓰는 주정과일식초는 주정을 초산 발효시켜 식초를 제조한 후 과실 원
액을 넣은 합성식초로 직접 만든 과일식초와는 차이가 있다.

재료 캘린더

재료 \ 월	3	4	5	6	7	8
딸기	■	■	■			
오렌지			■	■		
체리			■	■		
다래		■	■			
블루베리			■			
앵두			■	■		
토마토			■	■	■	■
매실				■	■	
오디				■	■	
자두					■	
살구					■	
복숭아				■	■	■
수박					■	■
포도					■	■
사과						
배						
무화과						
당근				■		
고구마						
늙은호박						
연근					■	■
감						
밤						
대추						
귤						
레몬						

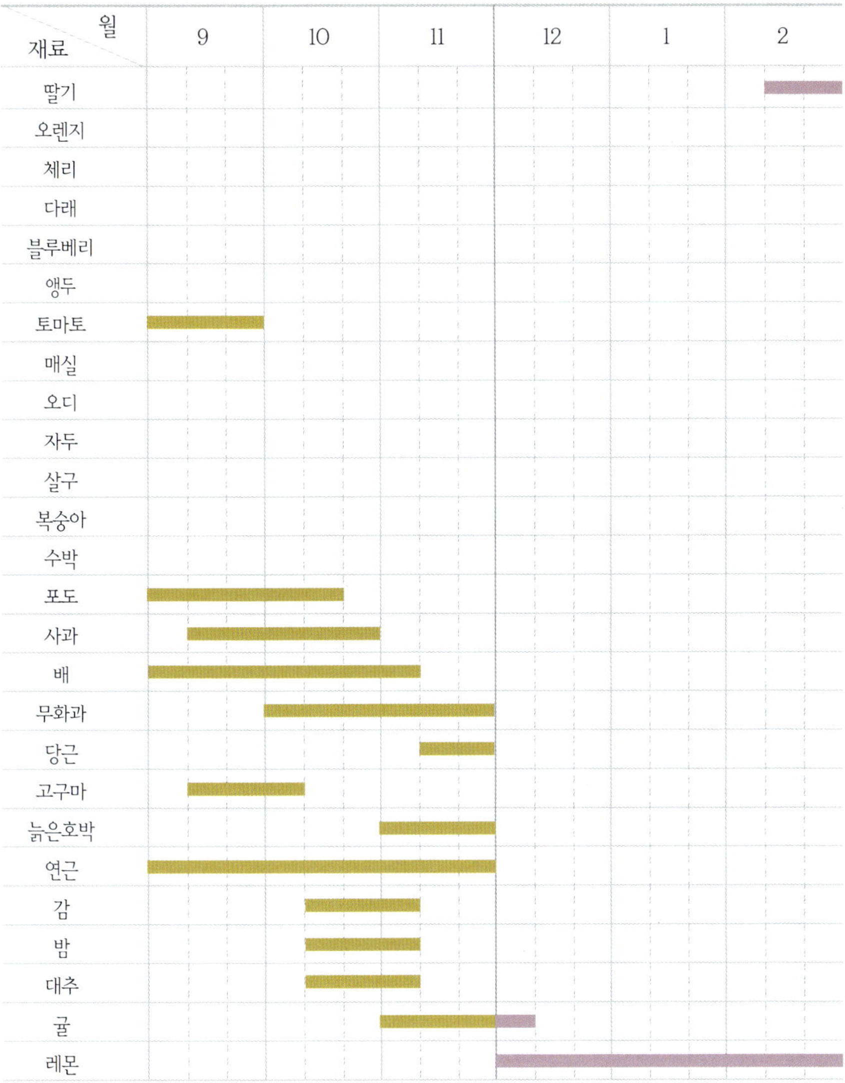

재료＼월	9	10	11	12	1	2
딸기						■
오렌지						
체리						
다래						
블루베리						
앵두						
토마토	■					
매실						
오디						
자두						
살구						
복숭아						
수박						
포도	■	■				
사과	■	■				
배	■	■	■			
무화과		■	■			
당근			■			
고구마	■	■				
늙은호박			■			
연근	■	■	■			
감		■	■			
밤		■	■			
대추		■	■			
귤			■	■		
레몬				■	■	■

딸기잼 딸기콩포트 오렌지마멀레이드 오랜지잼 오렌지필
체리잼 체리콩포트 블루베리잼 블루베리콩포트 앵두잼
앵두콩포트 앵두청 다래잼 미삼꿀청 바나나계피잼 파인애
플잼 파인애플콩포트 망고잼 살구잼 살구콩포트 자두잼
자두콩포트 매실잼 매실청 매실식초 오디잼 오디청 복숭
아잼 복숭아콩포트 산딸기잼 산딸기 콩포트 수박조청 토
마토잼 토마토소스 포도잼 당근잼 사과잼 사과콩포트 포
도식초 사과식초 석류사과잼 호박계피청 오미자청 포도청
생강꿀청 생강시럽 단호박생강잼 생대추잼 무화과잼 무화
과콩포트 배잼 배콩포트 모과청&모과잼 배청 석류청 밤잼
밤콩포트 고구마잼 고구마조청 땅콩잼 감식초 연근청 마
청 무꿀청 인삼대추꿀절임 귤잼 귤마멀레이드 귤콩포트
금귤콩포트 귤청 금귤생강청 레몬잼 레몬필&시럽 레몬청

잼
콩포트
식초
청

딸기잼·콩포트

잼의 정석은 역시 딸기잼이다. 만들기도 쉽고 만들어 두면 금세 없어져 만든 보람도 있다. 딸기는 비타민C가 풍부해 부신 피질의 기능을 활발하게 하므로 면역력을 강화하고 피부에 윤기와 탄력을 준다. 100그램당 80밀리그램으로 과일 중 비타민C의 함량이 가장 높아 하루 서너 알만 먹어도 하루 비타민 섭취량을 충족할 수 있는 고마운 과일이다. 하지만 딸기는 껍질이 얇아 상하기 쉽고 과육이 부드러우므로 흐르는 물에 가볍게 씻는 것이 좋다. 30초 이상 담가 두면 비타민C가 물에 녹아 빠져나온다.

콩포트는 콩피라고도 하는 과일 절임으로 과일을 설탕에 조려 차게 만들어 보관하는데 딸기의 제철이 아닐 때 요긴하게 사용할 수 있다. 과일을 절였던 시럽 또한 과일의 풍미가 남아 있어 차로 마시거나 빵이나 쿠키를 만들 때 사용하면 좋다. 기호에 따라 향이 좋은 술이나 계피, 허브를 넣고 조려서 사용하기도 한다.

❖ 딸기잼

재료 | 딸기 5줌(500g, 5컵), 설탕 1~1¼컵(200~250g), 레몬즙 1큰술

만들기
1. 딸기는 잘 씻어 꼭지를 따고 물기를 뺀 다음 대충 으깨어 설탕과 레몬즙을 뿌린다.
2. 딸기가 절여지면 과육과 물을 모두 냄비에 담고 중불로 끓인다.
3. 끓어오르면 거품을 걷어내면서 되직한 농도로 조린다(찬물에 떨어뜨려 보아 풀어지지 않으면 좋은 농도다).
4. 바로 소독한 병에 담고 거꾸로 뒤집어 놓은 뒤 식으면 다시 뒤집어 놓는다.

❖ 딸기잼

팁 tip_ 과일을 설탕에 미리 절인 다음 잼을 만들면 훨씬 촉촉하고 부드러운 상태의 농도를 만들 수 있다. 잼을 만든 다음 바로 병에 담고 뒤집어 놓으면 진공상태가 되어 조금 더 오래 보관할 수 있다. 단맛이 강한 품종의 딸기는 설탕을 1컵만 쓰고 단맛이 덜한 딸기는 조금 더 사용하면 된다.

❖ 딸기콩포트

재료 | 딸기 5줌(500g, 5컵), 설탕 1¼컵(250g), 레몬즙 2큰술, 럼주 1큰술

만들기 1. 딸기는 잘 씻어 꼭지를 따고 물기를 뺀 다음 설탕과 레몬즙을 뿌린다.
　　　　2. 딸기가 절여지면 냄비에 담고 중간불로 끓여 설탕을 다 녹인다.
　　　　3. 2를 체에 밭쳐 국물만 강한 불로 끓인다.
　　　　4. 끓어오르면 절인 과육을 넣고 중불로 끓인 뒤 불을 끄고 럼주를 넣고 섞는다.
　　　　5. 따뜻할 때 병에 담고 뒤집어 식힌다.

팁tip_ 콩포트에는 와인이나 럼주, 브랜디 같은 향이 좋은 술을 넣거나 함께 조려주는데 술의 풍미를 살리려면 마지막에 넣는 것이 좋다.

오렌지 마멀레이드 · 잼 · 필

마멀레이드는 감귤류 과일의 껍질과 과육을 설탕에 조린 것으로 씹히는 식감이 있어 잼과는 또 다른 풍미가 있다. 겨울에 맛있게 먹던 귤이 점점 맛없어지기 시작하면 오렌지가 나오는데 봄철에 수입된 오렌지의 맛과 향이 가장 좋다.

✤ 오렌지마멀레이드

재료 | 오렌지 2~3개(600g), 레몬즙 5큰술, 설탕 1½컵(300g), 소금 약간

만들기
1. 오렌지는 뜨거운 소금물에 살짝 굴렸다가 꺼낸다.
2. 찬물에 바로 헹군 뒤 4등분하여 껍질과 과육을 분리하고 껍질 안쪽의 하얀 부분을 제거한다.
3. 껍질은 곱게 채 썬 뒤 찬물에 10분 정도 담갔다 건진다.
4. 과육을 믹서나 분쇄기에 곱게 갈아 설탕, 레몬즙과 냄비에 넣고 끓인다.
5. 끓어오르면 불을 줄이고 채 썬 껍질을 넣고 한 번씩 저어 가며 조린다.
6. 적당한 농도가 되면 불을 끄고 바로 병에 담아 뒤집는다.

✤ 오렌지마멀레이드

팁tip_ 마멀레이드는 오렌지나 레몬 등 시트러스류의 겉껍질로 만든 잼의 일종이다. 오렌지는 섬유질과 비타민A가 풍부해 감기예방과 피로해소, 피부미용에 좋다. 또 지방과 콜레스테롤이 전혀 없기 때문에 성인병 예방에도 도움이 된다.

만들기

오렌지잼

재료 | 오렌지 과육 2~3개(중간 크기 600g), 설탕 1컵(200g), 레몬즙 1큰술

만들기 1. 오렌지 과육은 믹서기에 넣고 입자가 씹힐 정도로 갈아 설탕과 레몬즙을 뿌려
절인다.
2. 절여지면 과육과 절인 물을 모두 냄비에 담고 중불로 끓인다.
3. 끓어오르면 거품을 걷어내면서 되직한 농도로 조린다.
4. 바로 소독한 병에 담는다.

오렌지필

재료 | 오렌지 껍질 2개 분량(중간 크기 180~200g), 설탕 2½컵(500g), 물 2½컵(500ml)

만들기 1. 베이킹소다로 문질러 씻은 뒤 오렌지 껍질을 곱게 채 썬다(기호에 따라 굵게
썬다).
2. 1의 오렌지 껍질을 끓는 물에 넣고 10분 정도 끓여 쓴맛을 제거한다.
3. 설탕과 물을 젓지 말고 끓여 시럽을 만든다.
4. 3의 시럽에 2의 오렌지 껍질을 넣고 하룻밤 절여 과육과 시럽을 분리한다.
5. 시럽만 끓여 뜨거운 시럽에 껍질을 넣고 하룻밤 절인다(이 과정을 일주일 동안
반복한다).
6. 껍질과 시럽을 모두 소독한 병에 담는다.

팁 tip_ 오렌지잼은 과육을 넣지 않은 상태로 시럽을 졸여서 만들 수도 있다. 시럽에 담갔다 절이는 과정을 오래 할수록 필의 투명도가 좋아지고 쓴맛도 빠진다. 필은 차로 마셔도 좋고 다지거나 그대로 제과제빵 혹은 떡을 만들 때 사용한다. 당절임이 끝난 필을 건져 설탕을 묻힌 뒤 말려서 보관하기도 한다.

체리잼 · 콩포트

체리잼은 새콤달콤한 맛이 좋아 빵에 발라 먹어도 좋지만 고기요리(불고기나 갈비)
에 설탕 대신 사용하면 윤기가 돌고 육질이 부드러워진다.

체리잼

재료 | 체리 3컵(450g), 설탕 1컵(200g), 레몬즙 2큰술

만들기
1. 체리는 잘 씻어 반으로 갈라 씨를 뺀 뒤 대충 으깨어 설탕과 레몬즙을 뿌려 절인다.
2. 체리가 절여지면 냄비에 담고 중간불로 끓여 설탕을 녹인다.
3. 중약불로 줄여 주걱으로 저어 가며 농도가 생기게 끓인다.
4. 따뜻할 때 소독한 병에 담고 뒤집어 식힌다.

체리콩포트

재료 | 체리 3컵(450g), 설탕 1/2컵(100g), 레드와인 1컵

만들기
1. 체리는 잘 씻어 물기를 제거한다.
2. 냄비에 설탕과 레드와인을 넣고 강한불로 끓여 설탕을 녹인다.
3. 끓어오르면 중불로 줄이고 1의 체리를 넣고 한소끔 끓인다.
4. 3을 그대로 식힌 뒤 체에 밭쳐 국물만 따라 내어 중불로 다시 한 번 끓인다.
5. 체에 거른 체리를 4에 넣고 중약불로 15분 정도 끓인다.
6. 따뜻할 때 소독한 병에 담고 뒤집어서 식힌다.

팁tip_ 체리를 알맹이째 조린 콩포트는 살짝 검붉은 보라색과 와인 향이 은은하게 퍼져 베이킹 할 때 토핑용으로 좋다. 아이들에게 간식으로 줄 콩포트라면 반으로 갈라 씨를 빼고 만든다. 체리에는 암과 노화를 예방하는 안토시아닌이 풍부하게 들어 있다. 체리의 항산화 성분은 콜레스테롤을 저하시키고 심장질환과 뇌졸중을 예방하는 효과가 있다. 아스피린의 10배에 해당하는 소염살균작용으로 관절염 환자에게 좋다.

블루베리잼 · 콩포트

✤ 블루베리잼

재료 | 블루베리 3컵(300g), 설탕 3/4컵(150g), 레몬즙 1큰술

만들기 1. 블루베리는 잘 씻어 물기를 제거하고 볼에 담아 대충 으깬다.
       2. 1에 설탕과 레몬즙을 뿌려 설탕이 녹을 때까지 둔다.
       3. 2를 냄비에 옮겨 담은 뒤 중불에서 주걱으로 저어 가며 끓인다.
       4. 적당한 농도가 되면 바로 소독한 병에 담고 뚜껑을 덮고 뒤집어 식힌다.

✤ 블루베리콩포트

재료 | 블루베리 3컵(300g), 설탕 3/4컵(150g), 레드와인 1/2컵(110g), 레몬즙 1큰술

만들기 1. 블루베리는 잘 씻어 물기를 제거하고 볼에 담아 레몬즙과 설탕을 뿌려 둔다.
       2. 1에 레드와인을 붓고 설탕이 녹으면 국물만 체에 밭쳐 냄비에 담는다.
       3. 2를 중불로 끓인 뒤 끓어오르면 체에 밭친 블루베리를 넣고 한소끔 끓인다.
       4. 3을 그대로 식힌 뒤 체에 밭쳐 국물만 따라 내어 다시 강한불로 끓인다.
       5. 4를 중불로 줄이고 체에 밭친 블루베리를 넣고 한소끔 끓인다.
       6. 따뜻할 때 소독한 병에 담고 뒤집어 식힌다.

팁tip 블루베리잼은 입자가 부드러워 모닝빵이나 식빵에 발라 먹기 좋다. 또 핫케이크나 스콘에도 잘 어울린다. 건더기를 다 건져 먹은 콩포트의 시럽은 잼보다는 덜 달고 과일의 향도 풍부해 차에 타서 마시거나 각종 요리에 설탕처럼 사용하기에 적합하다. 색이 곱기 때문에 특히 팬케이크나 베이킹을 할 때 천연색소로 사용한다.

앵두잼 · 콩포트

앵두잼

재료 | 앵두 3⅓컵(500g), 설탕 1컵(200g), 레몬즙 2큰술

만들기
1. 앵두는 잘 씻어 수분을 제거하고 살짝 으깬 뒤 바닥이 두꺼운 냄비에 담고 설탕과 레몬즙을 뿌려 수분이 살짝 나올 때까지 절인다.
2. 1의 앵두를 중약불로 끓여 설탕을 완전히 녹인다.
3. 체에 받쳐 국물과 건지를 거른 뒤 건지를 부드럽게 으깨 씨를 걸러 낸다.
4. 3에서 거른 국물과 체에 거른 건지를 냄비에 담고 센 불로 한소끔 끓인 뒤 중약불로 줄여 농도가 날 때까지 끓인다.
5. 따뜻할 때 바로 병에 담고 뒤집어 식힌다.

앵두콩포트

재료 | 앵두 3⅓컵(500g), 설탕 1컵(200g)

만들기
1. 앵두는 깨끗하게 씻어 물기를 제거하고 바닥이 두꺼운 냄비에 담는다.
2. 1의 앵두에 설탕을 뿌려 살살 버무린 뒤 중약불로 끓여 설탕을 완전히 녹인다.
3. 2를 체에 받쳐 국물만 강한불로 한소끔 끓인다.
4. 3에 체에 밭친 앵두 과육을 넣고 앵두에 투명감이 생길 때까지 중불로 끓인 뒤 바로 병에 담고 뒤집어 식힌다.

팁 tip _ 앵두잼을 만들 때는 씨가 커서 걸리므로 체에 걸러 조리해야 한다. 앵두콩포트를 만들 때는 센 불로 끓이면 앵두알이 터져 지저분해지므로 중불로 서서히 조려야 한다.

앵두청

단오에 먹는 음료 중 앵두화채는 앵두를 설탕에 절였다가 오미자 국물에 띄워서 먹는데 고운 빛깔과 시원한 맛이 청량음료와는 달리 깊고 부드럽다. 앵두에는 비타민A와 비타민C가 풍부하다. 유기산과 펙틴도 풍부해 피로해소와 피부미용에 효과가 좋다.

재료 | 앵두 3½컵(500g), 설탕 2½컵(500g), 올리고당 1/2~2/3컵(100~150g)

만들기 1. 앵두는 잘 씻어 수분을 제거하고 설탕에 버무려 병에 담는다.
2. 1에 올리고당을 부어 3개월 정도 숙성시킨 뒤 체에 거르고 병을 소독한 뒤 보관한다.

팁 tip_ 색깔이 고운 앵두청은 탄산수와 섞으면 아이들이 좋아하는 탄산음료가 되는데 여름철 손님 접대 음료로도 좋다.

다래잼

토종 다래는 지금의 참다래와는 모양도 맛도 조금씩 차이가 있다. 마트나 시장에서 구할 수 있는 다래는 키위의 씨를 재배해 성공하여 우리나라에서 키운 것으로 참다래 는 아니다. 다래에는 칼슘과 철분이 풍부해 골다공증을 예방하고 뼈와 치아 건강에도 도움을 주기 때문에 성장기 아이들과 노인에게 좋다. 비타민A와 비타민C가 풍부하여 면역력을 향상시키고 항암효과도 있다. 칼륨 또한 풍부해 부종 예방에 좋다.

재료 | 다래 9〜10개(달걀 크기 500g), 설탕 1¼컵(250g)

만들기 1. 다래는 잘 씻어 껍질을 벗기고 사방 5밀리미터 크기로 다진 뒤 설탕을 뿌려 절 인다.
2. 수분이 나오면 과육과 절인 물을 냄비에 옮겨 담고 중불로 끓인다.
3. 끓어오르며 생기는 거품을 걷어내고 주걱으로 저어 가며 농도가 나게 조린다.
4. 바로 소독한 병에 담아 뚜껑을 닫고 뒤집어 식힌다.

팁tip_ 다래잼은 다른 과일 잼보다 조금 더 묽은 듯 조려야 식은 후에 딱딱해지지 않는다. 다래는 과육이 살짝 무른 것으로 잼을 만들어야 신맛이 강하지 않고 맛도 있다.

미삼꿀청

미삼은 봄 인삼을 솎아 내면서 생긴 인삼의 잔뿌리나 어린뿌리로 인삼보다 쓴맛이 덜해 꿀이나 설탕에 재웠다가 차로 마시고, 고추장에 버무려 반찬으로 먹기에도 좋다. 봄에 절여놓은 미삼은 여름에 시원한 탄산수와 섞어 에이드로 마시거나 차가운 우유와 같이 믹서기에 갈아 셰이크로 마셔도 좋다.

재료 | 미삼 5줌(250g, 5컵), 꿀 2컵(400g)

만들기
1. 미삼은 부드러운 솔로 문질러 씻어 수분을 제거한다.
2. 수분을 제거한 미삼을 병에 담고 꿀을 부어 2~3개월 절인 뒤 청만 따로 보관하거나 같이 두고 쓴다.

팁 tip_ 청이나 절임을 만들 때 식재료에 수분이 있으면 발효되는 동안 곁물이 돌아 상하는 원인이 되므로 꼼꼼하게 수분을 제거해야 한다. 절이는 동안에 떠오르지 않게 무거운 것으로 누르거나 랩을 씌우는 것이 좋다. 청을 거르고 남은 미삼절임은 고추장이나 된장에 버무려 먹거나 간장을 부어 장아찌로 먹을 수 있고 곱게 갈아서 미삼잼을 만들 수도 있다.

바나나계피잼

요즘은 사과 한 개와 바나나 한 송이의 가격이 비슷하지만 예전에는 바나나 한 개가 사과 한 봉지의 가격과 비슷할 정도로 무척 귀한 과일이었다. 한 송이씩 사 온 바나나는 여름이면 쉽게 무르기 때문에 잼을 만들어 두면 좋다.

재료 | 바나나 과육만 4개(500g), 설탕 3/4컵(150g), 레몬즙 1큰술, 계피스틱 1조각

만들기
1. 바나나는 껍질을 벗기고 1센티미터 두께로 잘라 바닥이 두꺼운 냄비에 담는다.
2. 1에 레몬즙과 설탕을 뿌려 수분이 나오게 절인 뒤 계피스틱을 넣고 중약불로 끓인다.
3. 눌어붙지 않도록 중간중간 저어 가며 끓이다가 농도가 나면 스틱을 꺼낸 뒤 바로 병에 담고 뒤집어 식힌다.

팁tip_ 바나나에 레몬즙을 뿌리면 바나나가 지나치게 갈변하는 것을 막을 수 있다. 적당한 농도가 나면 계피스틱을 꺼내야 계피 맛이 은은하게 감돈다.

파인애플잼 · 콩포트

파인애플은 일 년 내내 볼 수 있는 과일이지만 기온이 높은 여름에 먹어야 숙성이 잘 되어 더 달고 맛도 좋다. 파인애플에는 비타민A, 비타민B, 비타민C가 풍부하고 단백질의 분해 효소인 블로멜린이 함유되어 있다. 브로멜린은 고기를 부드럽게 하는 연육 작용도 하지만 장 속의 부패 물질을 억제해 설사나 소화 불량 등에 효과가 있다.

파인애플잼

재료 | 파인애플 과육 1/2개분(500g), 설탕 3/4컵 내외(150~180g)

만들기 1. 파인애플은 껍질을 벗기고 두꺼운 심을 빼고 도톰하게 채 썬다.
2. 1을 바닥이 도톰한 냄비에 담고 설탕을 뿌려 수분이 나올 때까지 절인다.
3. 2를 중간불로 바글바글 끓여 설탕을 완전히 녹인다.
4. 끓어오르면 약불로 줄여 주걱으로 저어 가며 농도가 생기게 끓인다.
4. 따뜻할 때 소독한 병에 담고 뒤집어 식힌다.

파인애플콩포트

재료 | 파인애플 과육 1/2개분(500g), 설탕 1컵(200g), 레몬즙 1큰술

만들기 1. 파인애플은 껍질을 벗긴 후 두꺼운 심을 빼고 2센티미터 두께의 부채꼴 모양으로 깍둑 썬다.
2. 1을 바닥이 두꺼운 냄비에 담고 설탕과 레몬즙을 뿌려 수분이 나올 때까지 절인다.
3. 2를 중약불로 끓여 설탕을 완전히 녹인다.
4. 체에 밭쳐 국물만 강한불로 한소끔 끓인 뒤 중약불로 줄여 과육을 넣고 과육이 투명해질 때까지 끓인다.
5. 따뜻할 때 바로 병에 담고 뒤집어 식힌다.

팁 tip_ 파인애플의 심은 잘 무르지 않기 때문에 제거한 뒤 잼을 만드는 것이 좋고 과육을 갈아서 잼을 만들기도 한다. 파인애플콩포트를 차게 보관하면 시원하고 달콤한 맛이 나서 아이들이 좋아한다. 아이스크림의 토핑, 베이킹의 고명 등으로 활용할 수 있다.

망고잼

망고는 맛이 있어 씨에 붙은 쓴 부분까지 싹싹 긁어먹게 된다. 하지만 씨 부위는 쓴맛이 강하므로 씨를 중심으로 양쪽으로 잘라 과육만 발라내어 사용하는 것이 좋다.

재료 | 망고 과육만 1½개(500g), 설탕 3/4컵(150g), 레몬즙 2큰술

만들기
1. 망고는 잘 씻어 씨를 중심으로 반으로 갈라 과육만 발라낸다.
2. 1을 냄비에 담고 설탕과 레몬즙을 뿌려 수분이 나올 때까지 절인다.
3. 2를 중간불로 바글바글 끓인다.
4. 끓어오르면 약불로 줄여 주걱으로 저어 가며 농도가 생기게 끓인다.
5. 따뜻할 때 소독한 병에 담고 뒤집어 식힌다.

팁tip_ 망고잼용 망고는 부드럽게 숙성이 잘된 것으로 골라야 쓴맛이 돌지 않는다. 망고에 풍부한 비타민A는 강력한 항암작용과 시력 향상, 피부미용에 좋고 피부에 화상을 입기 쉬운 여름철에 먹으면 수분을 보충하고 피부의 상피세포를 회복하는 데 도움을 준다.

살구잼·콩포트

🔹 살구잼

재료 | 살구 10개(500g), 설탕 1컵(200g)

만들기 1. 살구를 깨끗하게 씻어 물기를 제거하고 빙 둘러 칼집을 넣고 반으로 갈라 씨를 뺀다.
2. 1의 살구를 바닥이 두꺼운 냄비에 담고 대충 으깨어 설탕을 뿌려 수분이 나올 때까지 절인다.
3. 2를 중간불로 바글바글 끓여 설탕을 완전히 녹인다.
4. 끓어오르면 약불로 줄여 주걱으로 저어 가며 농도가 생기게 끓인다.
5. 따뜻할 때 소독한 병에 담고 뒤집어 식힌다.

🔹 살구콩포트

재료 | 살구 10개(500g), 설탕 1¼컵(250g)

만들기 1. 살구를 깨끗하게 씻어 물기를 제거하고 빙 둘러 칼집을 넣어 반으로 갈라 씨를 뺀다.
2. 1의 살구를 바닥이 두꺼운 냄비에 담고 설탕을 뿌려 수분이 나올 때까지 절인다.
3. 2를 중약불로 끓여 설탕을 완전히 녹인다.
4. 3을 체에 밭쳐 국물만 강한불로 한소끔 끓인다.
5. 4에 살구 과육을 넣고 살구가 말개질 때까지 중불로 끓인 뒤 바로 병에 담고 뒤집어 식힌다.

팁 tip_ 살구 잼은 단맛 이외에도 특유의 새콤하고 쓴맛이 있어 비스킷이나 쿠키에 발라 먹으면 좋다. 살구콩포트는 화채나 냉채로 먹어도 맛이 있고 베이킹을 할 때 장식용 고명으로 사용할 수 있다.

자두잼 · 콩포트

어름이면 빠질 수 없는 과일인 자두에는 비타민A, 비타민C가 많고 유기산이 풍부해 피로해소와 면역력이 증대한다. 또 펙틴이 풍부해 변비 예방에 효과적이다. 자두는 껍질에 윤기가 나고 단단하며 당도가 높은 것으로 고른다.

🍀 자두잼

재료 | 완전히 익은 자두 10개(500g), 설탕 1컵(200g)

만들기
1. 자두를 깨끗하게 씻어 물기를 제거하고 씨를 중심으로 과육을 큼직하게 저며 낸다.
2. 1의 자두를 바닥이 두꺼운 냄비에 담고 설탕을 뿌려 수분이 나올 때까지 절인다.
3. 2를 중간불로 바글바글 끓여 설탕을 완전히 녹인다.
4. 끓어오르면 약불로 줄이고 주걱으로 저어 가며 농도가 생기게 끓인다.
5. 따뜻할 때 소독한 병에 담고 뒤집어 식힌다.

🍀 자두콩포트

재료 | 약간 덜 익은 자두 10개(500g), 설탕 1컵(200g)

만들기
1. 자두를 깨끗하게 씻어 물기를 제거하고 빙 둘러 칼집을 넣고 반으로 갈라 씨를 뺀다.
2. 1의 자두를 바닥이 두꺼운 냄비에 담고 설탕을 뿌려 수분이 나올 때까지 절인다.
3. 2를 중약불로 끓여 설탕을 완전히 녹인다.
4. 3을 체에 밭쳐 국물만 강한불로 한소끔 끓인다.
5. 4에 자두 과육을 넣고 중불로 자두가 말개질 때까지 끓인 뒤 바로 병에 담고 뒤집어 식힌다.

팁tip_ 자두는 보기만 해도 침이 고이는 과일로 자두잼은 빵에 발라 먹거나 베이킹에 사용하는 것 외에도 돼지고기 요리에 곁들이거나 양념에 넣으면 풍미가 좋고 육질이 부드러워진다. 하지만 다른 잼에 비해 수분이 많아 보존성이 떨어지는 단점이 있다. 자두콩포트를 만들 때는 자두가 약간 덜 익어 과육이 단단해야 껍질이 벗겨지거나 무르지 않는다.

매실잼

새콤달콤한 맛을 자랑하는 매실은 피로해소의 절대강자라 할 수 있다. 식이섬유소가 많아 저열량, 저지방으로 다이어트에 좋은 매실이 나오는 철이면 매실잼, 매실청을 담그느라 매우 분주해진다. 매실잼은 신선한 청매보다 황매로 담근다.

 | 황매 3컵(600g), 설탕 3/4컵(150g), 꿀 3큰술

　1. 황매를 잘 씻어 과육만 벗겨 내고 설탕을 뿌려 절인다.
　　　　2. 수분이 나오면서 절여지면 냄비에 넣고 약불에서 주걱으로 저어 가며 끓인다.
　　　　3. 농도가 생기면 불을 끄고 꿀을 넣고 재빨리 섞은 뒤 병에 담는다.
　　　　4. 뒤집어 완전히 식힌 뒤 냉장고에 보관한다.

　잘익은 매실은 맛도 좋지만 피로해소의 절대 강자라고 할 수 있다. 식이섬유가 많고 저열량, 저지방으로 다이어트에도 좋다.

매실청&매실절임

재료 | 매실 25컵(5kg), 설탕 25컵(5kg), 올리고당 2½~4컵(500~800g)

만들기　1. 매실은 잘 씻어 수분을 닦아 내고 과도로 과육을 6쪽 낸다.
　　　　 2. 1을 볼에 담고 설탕으로 버무려 병에 담는다.
　　　　 3. 설탕이 녹기 시작하면 올리고당을 반 정도 부어 설탕을 완전히 녹인다.
　　　　 4. 중간중간 올리고당을 부어 과육이 떠오르지 않게 한 뒤 백 일 정도 숙성시켜
　　　　　　 체에 거르거나 그대로 두고 먹는다.

팁tip_　쪼그라든 과육은 매실절임, 액체는 청이 된다. 매실절임은 냉장고에 보관하면서 그냥 먹거나 된장이나 고추장에 버무려 반찬으로 먹을 수 있다. 청은 물에 타 먹거나 여러 요리에 사용하는데 평균기온이 상승하고 아파트 생활이 많은 요즘에는 동량보다 많은 양의 설탕을 넣어야 상하지 않는다. 매실의 강한 신맛은 구연산 때문인데 근육의 피로를 풀고 혈중 독소를 해독하여 간의 건강에 도움을 준다. 또 살균 정장으로 배탈, 이질, 설사에 효과가 있기 때문에 매실청은 높은 기온에 배탈이 자주 나고 피로가 심한 여름철에 먹으면 좋다.

매실식초

5~6월이 제철인 매실은 초여름에 찾아오는 푸른 보약으로 불린다. 갑작스럽게 체했거나 심한 설사를 할 때 매실식초를 물에 타서 한잔 마시면 효과가 있다. 매실에서 너무 시큼한 맛이 나는 것은 선택하지 않는 것이 좋다. 매실 식초는 체내에 쌓인 노폐물과 지방분해를 촉진시켜 비만을 예방하고 개선시킨다. 또 유기산이 풍부해 피로해소에 좋다.

재료 | 황매 5컵(1kg), 설탕 3컵(600g)

만들기 1. 황매는 잘 씻어 물기를 빼고 병에 담는다.

2. 윗부분에 설탕을 두껍게 덮어 밀봉한다.

3. 1~2개월 지난 다음 체에 밭쳐 황매는 건지고 원액만 냄비에 따라 약한불에서 한소끔 끓인다.

4. 냄비째 찬물에 담가 식힌 뒤 유리병에 담아 보관해 두고 사용한다.

팁 tip_ 청매실은 구입한 지 하루나 이틀만 지나도 익기 시작하여 황매로 변하는데 황매로 변한 매실은 잼이나 식초, 우메보시로 만들 수 있다. 황매는 청매보다 약효가 약간 덜하지만 향이나 풍미는 더욱 좋다. 매실식초는 한소끔 끓을 때 떠오르는 불순물을 걷어내야 맑은 식초가 되고, 끓인 식초는 냄비째 담가 재빨리 식혀야 매실의 향이 달아나지 않는다.

오디잼

뽕나무에서 열리는 열매를 오디라고 하는데 간식이 귀하던 예전에는 아이들의 간식 거리로 인기가 많았다. 요새는 웰빙식품으로 주목받는 블랙푸드의 대명사로 떠오르고 있다. 오디는 안토시아닌 색소를 띠어 노화 방지, 시력 개선에 효과가 있으며 씨에는 비타민E가 들어 있어 항산화 효과가 있다.

재료 | 오디 4컵(500g), 설탕 1컵(200g), 레몬즙 2큰술

만들기
1. 오디는 잘 씻어 수분을 제거하고 바닥이 두꺼운 냄비에 담고 설탕과 레몬즙을 뿌려 수분이 살짝 나올 때까지 절인다.
2. 1의 오디를 중약불로 끓여 설탕을 완전히 녹인다.
3. 체에 밭쳐 국물과 건지를 거른 뒤 건지를 부드럽게 으깨 씨와 꼭지를 걸러 낸다.
4. 3에서 거른 국물과 체에 거른 건지를 냄비에 담고 센 불로 한소끔 끓인 뒤 중약불로 줄여 농도가 날 때까지 끓인다.
5. 따뜻할 때 바로 병에 담고 뒤집어 식힌다.

팁tip_ 오디에는 잔씨가 많아 그냥 먹기에 껄끄럽다면 체에 걸러주는 것이 좋다.

오디청

오디는 꼭지가 신선하고 통통한 것을 고르되 겉은 검은색으로 무르지 않은 것이 좋다. 오디즙은 짙은 보라색인 것이 잘 익은 것이다. 오디는 칼로리가 낮아 비만인 사람에게 적합하다.

재료 | 오디 4컵(500g), 설탕 2½컵(500g), 올리고당 100~150g

만들기 1. 오디는 잘 씻어 수분을 제거하고 설탕에 버무려 병에 담는다.
2. 1에 올리고당을 부어 3개월 정도 숙성시킨 뒤 체에 걸러 소독한 병에 보관한다.

팁tip_ 오디청은 음료로 마셔도 맛이 있지만 고기를 재울 때 사용하거나 베이킹이나 떡을 만들 때 천연색소로 사용한다. 걸러 낸 오디청의 과육을 조려 체에 걸러 잼을 만들 수도 있다.

복숭아잼

향이 진하고 맛도 달콤한 복숭아는 수분과 비타민이 풍부해 피부 건강에 매우 좋은
과일로 체내에 흡수가 빠른 각종 당류 및 비타민과 무기질이 풍부하여 피로해소에 좋
다. 복숭아는 상처가 없고 향기가 강한 것을 고른다.

재료 | 복숭아 과육만 2개(중간 크기 600g), 설탕 1컵(200g), 레몬즙 2큰술
　　　 천도복숭아일 경우: 천도복숭아 7~8개 정도

만들기　1. 복숭아는 잘 씻어 뾰족한 부분에 십자로 칼집을 넣고 팔팔 끓는 물에 1분 정도
　　　　　데쳐 재빨리 찬물에 담가 껍질을 벗긴다.
　　　　2. 1의 복숭아의 과육을 잘라 낸 뒤 사방 1센티미터 크기로 깍둑 썰어 바닥이 두
　　　　　꺼운 냄비에 담고 설탕과 레몬즙을 뿌려 절인다.
　　　　3. 설탕이 녹으면 중불로 끓여 설탕을 완전히 녹인다.
　　　　4. 설탕이 녹으면 약불로 줄여 주걱으로 저어 가며 농도가 생기게 졸인다.
　　　　5. 불을 끄고 병에 바로 담고 뒤집어 식힌다.

팁tip_ 천도복숭아는 껍질을 칼로 벗겨 똑같은 과정으로 만든다.

복숭아콩포트

복숭아는 비타민C와 필수아미노산과 펙틴과 유기산 등이 풍부하여 항산화, 항암 효과에 탁월한 효능이 있다. 펙틴이 풍부해 노폐물 배출에 효과가 있고 풍부한 아스파라긴산과 구연산, 주석산, 사과산을 함유하고 있어 피로해소와 숙취해소에도 좋다.

재료 | 복숭아 2개(중간 크기 600g), 레몬즙 2큰술, 설탕 1/2컵(100g), 화이트와인 1컵
민트잎 2큰술, 천도복숭아일 경우: 천도복숭아 7~8개

만들기 1. 복숭아는 잘 씻어 뾰족한 부분에 십자로 칼집을 넣고 팔팔 끓는 물에 1분 정도 데쳐 재빨리 찬물에 담가 껍질을 벗긴다.
2. 1의 복숭아를 초승달 모양으로 잘라 낸 뒤 레몬즙을 뿌려 갈변을 방지한다.
3. 화이트와인과 설탕을 냄비에 담고 센 불로 끓여 설탕을 완전히 녹인다.
4. 3에 복숭아를 넣고 약불로 줄인 뒤 복숭아가 말개지도록 끓인다.
5. 꼬치로 찔러보아 부드럽게 들어가면 민트잎을 넣고 불을 끄고 바로 병에 담는다.

팁 tip_ 복숭아콩포트는 차게 해서 바로 먹거나 화채로 만들어도 좋고 베이킹의 고명으로 사용하기도 한다. 복숭아콩포트는 껍질에 털이 없는 천도복숭아가 먹기에는 편하고 풍미는 황도나 백도가 더 좋다. 과육이 무른 것은 만들 때 흐트러지기 때문에 단단한 품종으로 고르는 것이 좋다.

산딸기잼 · 콩포트

산딸기는 색깔에 따라 라즈베리, 블랙베리(복분자) 등으로 나뉘며 비타민A와 비타민 C, 아연 같은 미네랄, 폴리페놀 성분이 풍부하게 들어 있다. 비타민A는 피부와 시력을 좋게 하고 비타민C는 면역력을 향상시키는 효과가 있다. 아연은 성기능 개선에 영향을 주며 폴리페놀 성분은 항산화·항염증 작용을 한다.

✚ 산딸기잼

재료 | 산딸기 5컵(500g), 설탕 1¼컵(250g), 레몬즙 1큰술

만들기
1. 산딸기는 잘 씻어 물기를 뺀 다음 대충 으깨어 설탕과 레몬즙을 뿌린다.
2. 산딸기가 절여지면 과육과 물을 모두 냄비에 담고 중불로 끓인다.
3. 끓어오르면 거품을 걷어내면서 되직한 농도로 조린다.
4. 바로 소독한 병에 담고 거꾸로 뒤집어 둔다.

✚ 산딸기콩포트

재료 | 산딸기 3컵(300g), 레몬필 1개분, 설탕 3/4컵(150g), 레몬즙 1큰술, 럼주 1큰술

만들기
1. 산딸기는 잘 씻어 꼭지를 잘라 내고 물기를 뺀 다음 설탕과 레몬즙을 뿌린다.
2. 산딸기가 절여지면 냄비에 담고 중간불로 끓여 설탕을 다 녹인다.
3. 2를 체에 밭쳐 국물만 강한불로 끓인다.
4. 끓어오르면 절인 과육과 레몬필을 넣고 약불로 끓인 뒤 불을 끄고 럼주를 넣고 잘 섞는다.
5. 따뜻할 때 소독한 병에 담고 뒤집어 식힌다.

팁 tip_ 산딸기잼은 씨가 강하게 씹히는데 산딸기의 씨가 싫다면 고운 체에 걸러서 졸이면 된다. 콩포트의 과육을 조릴 때 불이 너무 세면 산딸기의 형태가 없어지므로 주의해야 한다. 산딸기콩포트는 모양이 예뻐 제과제빵을 할 때 토핑으로 사용하고 여름에 빙수나 에이드의 토핑으로도 많이 사용된다.

수박조청

수박에도 조청이 가능할까? 의문이 생기지만 수박으로도 조청이 된다. 수박에는 리코펜 성분이 있어 항산화, 항암 효과가 있고 구연산과 칼륨이 함유되어 있어 이뇨작용을 돕는다. 부종과 피로해소, 다이어트에도 탁월한 효과가 있다.

재료 | 수박 1통분의 과육, 소금 약간

만들기
1. 수박은 껍질을 제거하고 과육만 깍둑 썰어 바닥이 두꺼운 냄비에 담는다.
2. 약불로 1을 과육이 무를 때까지 뭉근하게 끓인다(20분 정도).
3. 2를 체에 걸러 물은 다시 냄비에 담고 과육을 체에 내려 냄비에 담고 씨는 버린다.
4. 3에 소금을 약간 넣고 약불로 뭉근하게 조려 1/4정도 졸 때까지 끓여 병에 담는다.
5. 병을 뒤집어 완전히 식힌 뒤 냉장고에 넣고 보관한다.

팁tip_ 수박조청은 차나 주스로 마시면 다이어트와 부종해소에 효과가 있고, 샐러드드레싱이나 고기 요리의 밑간 양념으로 사용해도 좋다.

토마토잼

줄만 잘 올려주면 쑥쑥 자라서 빨간 열매를 선사해 주는 토마토는 봄이면 빼놓지 않고 텃밭에 심는 작물이다. 단맛이 든 여름 토마토로 잼을 만들어 두면 좋다. 붉은색 색소인 리코펜이 풍부해 혈관 건강을 지켜주는데 제철인 여름에 비타민과 리코펜이 4배 이상 풍부해 유럽에서는 먹는 자외선 차단제라 하여 피부미용에 으뜸인 과채로 꼽는다.

재료 | 방울토마토 혹은 주황토마토 2½줌(500g, 1알 20g 내외, 3컵), 설탕 1컵(200g)
레몬즙 2큰술, 통후춧가루 1/4작은술, 생강즙 1큰술

만들기
1. 방울토마토는 잘 씻어 꼭지를 따고 끓는 물에 데쳐 껍질을 벗긴다.
2. 1의 방울토마토를 2~4등분하여 설탕과 레몬즙, 통후춧가루를 뿌려 재운다.
3. 설탕이 녹으면 냄비에 옮겨 담고 생강즙을 뿌리고 중불로 끓인다.
4. 중간중간 주걱으로 저어 가며 농도가 나게 끓인다.
5. 따뜻할 때 소독한 병에 담고 뒤집어 식힌다.

팁tip_ 토마토잼은 토마토의 색깔마다 조금씩 풍미가 다르다. 각각의 색으로 만들어 바게트나 통밀빵, 비스킷에 발라 먹으면 맛이 있고 홈메이드 수제용 파스타나 피자를 만들 때 사용한다.

토마토소스

토마토소스는 만들어 두기만 하면 이탈리안 셰프의 솜씨 같은 피자와 파스타 맛을 선물해 준다. 토마토의 종류나 색깔에 따라 소스의 맛이 조금씩 다르다.

재료 | 넝쿨토마토 혹은 완숙토마토 10개/3~4개(500g), 바질잎 5장, 월계수잎 1~2장
화이트와인 3큰술, 설탕 1큰술, 소금 1작은술, 레몬즙 2큰술

만들기
1. 토마토는 잘 씻어 꼭지를 따고 4~5등분으로 잘라 바닥이 두꺼운 냄비에 담는다.
2. 1을 약불에 올려 뚜껑을 닫고 알이 터지도록 끓여 체에 거른다.
3. 체에 거른 토마토 즙과 바질잎, 월계수잎을 냄비에 넣고 반 정도 졸 때까지 중불로 졸인다.
4. 3을 체에 걸러 냄비에 담고 화이트와인, 설탕, 소금, 레몬즙을 기호대로 넣고 한소끔 끓인다.
5. 따뜻할 때 병에 담고 뚜껑을 덮고 뒤집어 그대로 식힌다.

팁 tip_ 소스의 농도는 주걱으로 냄비 바닥을 죽 긁었을 때 주걱의 길이 나면서 서서히 덮어지면 적당하다. 너무 빨리 덮어지면 수분이 아직 많은 것이므로 더 졸여야 한다. 녹말물을 풀어 넣고 좀더 되직하게 하면 홈메이드 케첩이 된다.

포도잼

잼의 기본은 역시 포도잼과 딸기잼이다. 추석 무렵이면 포도 가격이 많이 떨어지는데 이때 잼을 만들면 좋다. 저장식은 햇과일로 만들어야 맛이 있지만 포도는 끝물 포도가 조금 더 달고 맛도 좋다.

재료 | 청·적 포도알만 각각 1½송이(중간 크기 600g), 설탕 1컵(200g), 소금 약간

만들기
1. 포도는 잘 씻어 수분을 제거하고 알을 떼어 낸다.
2. 바닥이 두꺼운 냄비에 담아 뚜껑을 덮고 중약불로 포도를 끓인다.
3. 15분 정도 지나 포도가 물러지면서 알맹이와 껍질이 분리되면 불을 끈다.
4. 체에 3을 걸러 과육과 즙을 내리고 씨와 껍질을 분리한다.
5. 4의 과육과 과즙, 설탕을 냄비에 담고 센 불로 끓인다.
6. 끓어오르면 중불을 줄이고 가끔씩 저어 가며 조려 준다.

팁 tip_ 청포도와 적포도를 섞어서 만들거나 두 가지 포도를 따로 만들어도 좋다.

당근잼

별걸 다 잼으로 만든다고 생각할 수 있지만 당근잼을 먹어보면 생각이 달라진다. 단
맛이 절정인 가을 당근은 잘못 고른 과일보다 훨씬 맛있는 잼으로 변신한다.

재료 | 당근 1개(중간 크기 200g), 100% 오렌지주스 1컵, 설탕 2/5컵(80g), 레몬즙 1큰술

만들기
1. 당근을 잘 씻어 껍질을 벗기고 강판에 곱게 간다.
2. 1을 냄비에 담고 오렌지주스와 레몬즙, 설탕을 부어 센 불로 끓인다.
3. 끓어오르면 중약불로 줄여 주걱으로 저어 가며 되직하게 조린다.
4. 따뜻할 때 소독된 병에 담고 뒤집어 식힌다.

팁tip_ 당근에는 즙이 별로 없어 오렌지주스를 넣어 끓이는데 단맛이 강한 당근이라면 물을 부어 끓
여도 좋다. 오렌지주스는 첨가물이 들어 있지 않은 100퍼센트를 사용하는 것이 좋고 당근은 강판에
갈아야 씹히는 질감이 느껴진다.

사과잼 · 콩포트

🔹 사과잼

재료 | 홍옥 과육 혹은 사과 과육 3개(중간 크기 500g), 설탕 1컵(200g), 레몬즙 1큰술

만들기 1. 홍옥은 잘 씻어 껍질과 씨, 심을 제거하고 사방 1센티미터 크기로 깍둑 썬다.

2. 1의 과육을 냄비에 담고 설탕과 레몬즙을 뿌려 설탕이 녹을 때까지 둔다.

3. 2를 중불로 끓여 과육이 말개지면 체에 밭친다.

4. 3의 과즙이 섞인 설탕물을 냄비에 다시 담고 사과 껍질을 넣고 사과 껍질의 숨이 죽을 때까지 중불에서 끓인다.

5. 사과 껍질을 건어내고 3의 사과 과육을 다시 넣고 주걱으로 저어 가며 중불로 끓인다.

6. 사과가 말개지고 되직해지면 불을 끄고 소독한 병에 바로 담아 뒤집어 식힌다.

🔹 사과콩포트

재료 | 홍옥 혹은 사과 2개(400g), 설탕 3/4컵(150g), 화이트와인 2컵, 계피스틱 1조각

만들기 1. 사과는 잘 씻어 세로로 8등분하여 껍질과 씨 부분을 제거한다.

2. 냄비에 설탕과 화이트와인, 사과껍질을 넣고 강불로 끓여 설탕을 녹인다.

3. 2에 사과와 계피스틱을 넣고 약한불로 사과가 말개지도록 국물을 끼얹어가며 끓인다.

4. 사과에 은은한 붉은색이 들면 불을 끄고 바로 병에 담고 뒤집어 식힌다.

팁 tip _ 사과껍질을 끓여서 사용하면 붉은 사과잼을 만들 수 있다. 사과의 씹히는 질감이 싫다면 사과를 갈아서 만든다. 사과콩포트는 아이스크림이나 핫케이크에 올려 먹으면 더욱 맛이 좋다. 홍옥이 아닐 경우에는 레몬즙을 2큰술 정도 넣는다.

포도식초 · 사과식초

단맛이 강한 포도는 설탕을 넣지 않고 만들어도 좋을 결과를 얻을 수 있다. 물에 희석해서 타 먹는 시판 과일초에는 과일 이외에도 당분이나 색소 등 여러 가지 화학성분이 들어가 꺼림칙하지만 홈메이드 과일 식초는 안심할 수 있다.

포도식초는 폴리페놀 성분이 많아 항암효과가 뛰어나고 독소 배출에 도움을 준다. 피로해소와 피부미용에도 좋고 숙취 해소에도 효과가 크다.

사과식초는 당분과 산이 많은 품종으로 잘 익은 것을 사용하는 것이 좋다. 덜 익거나 부패한 것은 가려내고 만들면 달콤한 사과 향이 사이다보다 훨씬 매력적이다. 시판용 사과식초는 산도 4.5~7퍼센트가 보통이다.

🔶 포도식초

재료 포도알만 1½송이(중간 크기 600g), 설탕 1/4컵(60g)

만들기 1. 포도를 씻어 알알이 따서 물기를 제거한다.

2. 껍질째 으깬 포도에 설탕을 넣는다. 포도 무게의 10퍼센트 정도가 적당한 양이다.

3. 항아리나 유리병에 70퍼센트 정도만 차지하게 담고 거즈로 뚜껑을 만들어 덮는다.

4. 3~4일은 하루에 1~2회 항아리를 흔들어 주고, 그 후에는 밀봉하여 발효가 잘 되도록 한다.

5. 4를 2~3개월 정도 발효시킨 뒤 자루에 담아 꼭 짠 다음 면포에 다시 거른다.

6. 소독한 유리병에 담아 80도에서 5분(또는 60~65도에서 30분)간 잠깐 소독한 뒤 서늘한 장소에 두고 먹는다.

팁tip_ 포도식초는 더운 여름에는 발효가 되지 않고 상하기 쉬우므로 찬바람이 도는 초가을에 끝물 포도로 만드는 것이 좋다.

사과식초

재료 | 사과 과육만 6~7개(중간 크기 1kg), 레몬 1개, 설탕 2½컵(500g)
인스턴트 드라이 이스트 2작은술(5g), 베이킹소다 약간

만들기
1. 사과는 흠집이나 상처를 도려내고 잘 씻어 6등분하여 씨를 제거한다.
2. 레몬은 베이킹소다로 박박 문질러 씻어 얇게 슬라이스 한다.
3. 1의 사과와 2의 레몬을 항아리나 유리 용기에 차곡차곡 담고 윗부분에 설탕과 이스트를 뿌려 살살 흔들어 고루 섞이게 한 뒤 무거운 것으로 눌러 떠오르지 않게 한다.
4. 병의 입구를 거즈로 덮은 뒤 건냉한 곳에 가만히 두어 2개월 정도 숙성한다.
5. 면포에 액만 걸러 중불로 끓어오르기 전까지 끓인 뒤 냄비째 식힌다.
6. 식초 원액을 거즈에 한 번 걸러 깨끗한 병에 담아 냉장 보관하여 사용한다.

팁 tip_ 사과식초를 만들 때 레몬을 첨가하면 레몬이 사과의 갈변을 막아 식초가 맑고 고운 색을 유지한다. 레몬은 즙을 내어도 좋고 슬라이스를 사과 조각 사이사이에 넣어도 된다. 사과는 달고 과즙이 풍부한 홍옥, 단단하고 향이 좋은 부사 등 어느 종이나 다 사용할 수 있고 신선한 사과를 그대로 사용해도 좋지만 약간 흠집이 있거나 까만 점이 군데군데 있는 것도 좋다. 하지만 오래 둔 것은 과즙이 적어 발효가 잘 되지 않으니 주의해야 한다. 이스트를 빼고 설탕을 사과 과육의 1.5~2배 넣으면 사과 효소를 만들 수 있다.

석류사과잼

보석같이 예쁜 속살을 수줍게 톡 터트리는 새콤한 석류는 생각만 해도 입 안에 침이 가득 돌게 한다. 식물성 여성호르몬이 풍부해 갱년기 여성들에게 좋다고 알려져 있는데 민화에서도 다산이나 부부의 금슬을 상징하는 여성의 과일이다. 최근에는 이란이나 미국에서 신맛이 덜한 석류가 수입되어 어렵지 않게 구입할 수 있다.

재료 | 석류알만 2개(중간 크기 500g), 사과 과육만 1½개(중간 크기 200g), 설탕 2/3컵(150g)
레몬즙 1큰술

만들기
1. 석류는 알만 떼어 녹즙기나 주서기에 짜내 즙만 걸러 낸다.
2. 사과는 잘 씻어 과육만 사방 1센티미터 크기로 잘라 설탕과 레몬즙에 버무려 설탕이 녹을 때 까지 그대로 둔다.
3. 1의 석류즙과 설탕에 버무린 사과를 냄비에 담고 센 불로 끓인다.
4. 끓어오르면 중약불로 줄여 주걱으로 저어 가며 되직한 농도로 졸인다.
5. 따뜻할 때 병에 담고 뒤집어 식힌다.

팁tip_ 석류를 통째 조려서 잼을 만들면 씨 때문에 먹기가 번거롭다. 석류의 즙을 내고 사과를 넣어 씹히는 질감을 주면 맛있는 석류잼을 만들 수 있다.

호박계피청 · 오미자청

포도청 · 생강꿀청

늙은호박이나 단호박은 말리거나 청으로 만들어 두면 좋은데 호박을 말리면 독특한 냄새 때문에 호불호가 강해진다. 청은 냄새가 없고 식감이 쫄깃해 아이들 요리에 사용하기 좋다.

보석처럼 예쁜 생김새와 달리 시고 쓰고 맵고 짜고 단 다섯 가지의 맛을 가진 오미자는 생으로 먹기는 힘들다. 찬바람이 돌 때 손쉽게 구입할 수 있는데 쉽게 무르기 때문에 설탕에 버무리거나 얼려서 보내주는 곳도 있으므로 기호에 맞게 선택한다.

호박계피청

재료 | 단호박 혹은 늙은호박 과육만 3컵(과육만 깍둑 썰어 500g), 계핏가루 1큰술
설탕 2½컵(500g), 올리고당 2/3컵(150g 정도)

만들기　1. 단호박이나 늙은호박은 씨를 제거하고 껍질을 대충 깍둑 썰어 과육만 네모 모양으로 도톰하게 썬다.
2. 1과 계핏가루, 설탕을 고루 섞어 밀폐 용기에 담고 과육이 떠오르지 않게 올리고당을 부어 준다.
3. 3개월 정도 숙성시킨다.

오미자청

재료 | 생오미자 3컵(600g), 설탕 3컵(600g), 올리고당 1/2컵(100g)

만들기　1. 생오미자는 살살 흔들어 씻어 물기를 제거하고 설탕과 켜켜이 섞어 밀폐 용기에 담는다.
2. 1에 올리고당을 부어 3개월 정도 숙성시킨다.
3. 과육은 버리고 청만 걸러 따로 보관한다.

팁 tip_ 　호박을 청으로 만들면 소화력이 약한 사람들은 더부룩하다고 하는데 그 이유는 호박과 설탕의 성질이 차기 때문이다. 호박청을 만들 때 계핏가루를 넣으면 찬 성질이 중화되어 속이 편하고 풍미도 좋아진다. 과육은 잘게 다져 머핀이나 파운드, 떡이나 케이크 등을 만들 수 있는데 호박죽을 끓여도 좋다.
오미자는 알이 쉽게 물러 볼에 물을 담아 놓고 살살 흔들어 씻어 건지는 것이 좋다. 단단하고 색이 덜든 것보다는 붉은색이 진하고 부드럽게 익은 것이 청을 담갔을 때 맛도 좋다.

포도는 청으로 만들어 먹기가 여간 어려운 게 아니다. 물이 조금 들어가거나 기온이 조금만 올라도 식초나 술이 되기 때문이다. 새콤달콤한 포도청도 맛있지만 시큼한 포도 식초나 알싸한 홈메이드 포도주도 색다른 별미가 된다.

맵고 뜨거운 것을 마시면서 '아~ 시원하다' 하는 어른들을 보면 아이들은 의아해 한다. 목을 타고 넘어가는 그 짜릿한 시원함은 어른들만 아는 즐거움이다.

포도청

재료 | 포도알만 1½송이(중간 크기 600g), 설탕 3컵(600g), 올리고당 1/2컵(100g)

만들기 1. 포도는 잘 씻어 알만 떼어 설탕과 고루 버무려 밀폐 용기에 담는다.
2. 1에 올리고당을 부어 3개월 정도 숙성시킨다.
3. 과육은 버리고 청만 걸러 따로 보관한다.

생강꿀청

재료 | 햇생강 300g, 설탕 1½컵(300g), 꿀 1/4컵(50g)

만들기 1. 햇생강은 새 수세미로 문질러 씻어 얄팍하게 썬다.
2. 1을 설탕에 살살 버무려 소독된 병에 담는다.
3. 2 위에 꿀을 부어 2~3개월 숙성시킨 뒤 청만 걸러 따로 보관한다.

팁tip_ 포도는 품종과 크기, 색깔에 따라 다양한 청을 얻을 수 있다.
뜨겁고 매운 성질의 생강의 속살과 달리 생강껍질은 성질이 차갑기 때문에 청을 만들 때는 껍질을 벗기고 만드는 것이 좋다. 절인 생강은 푸드프로세서로 갈아 생강잼처럼 조려 두면 고기양념이나 김치 양념을 만들 때 유용하다.

생강시럽

분홍색 손가락을 뾰족 내밀고 있는 햇생강을 보면 욕심껏 사들고 와 말리고 절이느라 정신 없다. 생강을 설탕이나 꿀에 절여도 매워서 그 해에 바로 먹기란 쉽지 않다. 하지만 햇생강의 과즙을 받아 시럽을 만들면 차로 마시거나 요리를 할 때 여러 모로 사용할 수 있어 좋다.

재료 | 햇생강 2조각(손바닥 크기 500g), 계피스틱 2개, 설탕 1½컵(300g)

만들기
1. 생강은 새 수세미로 박박 문질러 씻어 주서기나 녹즙기로 갈아 즙만 걸러 낸다.
2. 걸러 낸 생강즙을 가만히 두어 녹말을 가라앉힌다.
3. 조심스럽게 즙만 냄비에 담고 분량의 설탕과 계피스틱을 넣고 센 불로 끓인다.
4. 끓어오르면 중불로 줄이고 주걱으로 저어 가며 약간 되직하게 조린 뒤 불을 끈다.
5. 소독된 병에 넣고 뚜껑을 덮어 뒤집어서 식힌다.

팁tip_ 햇생강은 수분이 많아 500그램 정도를 갈면 450그램 정도의 생강물을 얻을 수 있다. 생강은 앙금을 가라앉힌 뒤 사용해야 시럽이 진하고 맛이 있다. 앙금이 들어가면 텁텁하고 농도가 빨리 나서 시럽으로 조리기가 힘들다. 생강 껍질이 두꺼워지면 수분량이 줄고 매운맛이 진해 시럽을 만들기보다 청을 만들거나 말리는 것이 더 효율적이다.

단호박생강잼

바삭한 토스트에 단호박잼을 발라 먹으면 꼭 가래떡에 조청을 찍어 먹는 것처럼 맛이 좋다. 단호박과 설탕의 찬 성질을 보완하기 위해 생강을 조금 넣으면 어르신들도 아주 좋아한다.

재료 | 단호박 혹은 늙은호박 과육만 3컵 정도(깍둑 썬 과육 500g), 생강 1/4쪽, 물 1컵
설탕 1컵(200g), 소금 약간

만들기
1. 단호박은 씨와 껍질을 제거하고 도톰하게 깍둑 썰고 생강은 껍질을 벗겨 곱게 다진다.
2. 바닥이 두꺼운 냄비에 호박과 생강, 물을 넣고 중약불로 뭉근하게 익을 때까지 익힌다.
3. 호박이 익으면 숟가락으로 부드럽게 으깬다.
4. 으깨진 호박 생강 퓌레에 설탕과 소금을 넣고 중불에서 끓인다.
5. 끓어오르면 약불로 줄이고 농도가 생길 때까지 가끔씩 저어 가며 조린다.
6. 따뜻할 때 소독한 병에 담고 뒤집어 식힌다.

팁 tip 호박은 익으면 저절로 뭉개지므로 갈지 않고 으깨면 입자가 약간 씹히는 잼이 된다. 부드러운 질감을 원한다면 갈아서 사용해도 된다. 호박잼은 떡이나 한과와 잘 어울리는 맛으로 따뜻한 물에 타면 구수한 호박차가 된다. 호박이나 밤, 고구마 같은 단맛이 도는 재료에 소금을 약간 넣으면 단맛이 증가되는 효과가 있고 설탕만 넣어서 맛이 부족하게 느껴진다면 소금을 약간 넣는다.

생대추잼

대추를 보고도 안 먹으면 늙는다는 말이 있다. 대추에는 비타민과 무기질이 풍부해 항노화, 항산화 작용을 하기 때문이다. 쪼글쪼글 말린 대추로 잼을 만들어도 맛있지만 생대추로 만들면 더욱 부드럽고 맛이 좋다.

재료 | 대추 5컵(500g, 45~50개), 설탕 1컵(200g), 레몬즙 2큰술

만들기
1. 생대추는 잘 씻어 씨와 분리한 후 과육을 저며 냄비에 담는다.
2. 1에 설탕과 레몬즙을 뿌려 설탕이 녹을 정도로 둔다.
3. 2를 중불로 끓여 대추가 무르면 체에 밭쳐 주걱으로 내린다.
4. 3을 냄비에 다시 담고 주걱으로 저어 가며 약불로 조려 되직한 농도가 되면 불을 끄고 소독한 병에 바로 담아 뒤집어 식힌다.

팁tip_ 생대추는 씨를 발라내고 조리하는 것이 훨씬 간편하다. 대추는 열을 가하면 껍질이 질겨지므로 체에 밭쳐 껍질을 적당히 걸러주는 것이 좋다.

무화과잼 · 콩포트

무화과잼

재료 | 무화과 7~8개(중간 크기 500g), 설탕 1컵(200g), 레몬즙 2큰술

만들기　1. 무화과를 잘 씻어 꼭지를 잘라 내고 4~6등분하여 냄비에 넣고 레몬즙을 뿌린다.
　　　　　2. 1에 설탕을 넣고 살살 저어 가만히 두어 설탕을 녹인다.
　　　　　3. 설탕이 녹으면 중불로 끓여 주걱으로 저어 가며 과육이 무르도록 끓인다.
　　　　　4. 농도가 생기면 불을 끄고 소독한 병에 바로 담고 뚜껑을 닫고 병을 세워 식힌다.

무화과콩포트

재료 | 무화과 4~5개(300g), 레몬 1/4개
시럽 | 적포도주 1컵, 물 1/2컵, 설탕 100g(1/2컵), 올리고당 50g(1/4컵), 정향 2개

만들기　1. 분량의 시럽을 냄비에 담고 중불로 끓여 설탕을 녹인다.
　　　　　2. 설탕이 녹으면 무화과를 넣고 약한불로 무화과가 말갛게 익도록 12~13분 끓인다.
　　　　　3. 냄비째 그대로 식힌 뒤 소독한 유리병에 담는다.

팁 tip_　무화과는 과육이 잘 물러 큼직하게 썰어 넣어도 부드러운 잼을 만들 수 있다. 무화과잼은 고기요리에 설탕처럼 넣으면 좋은데 피신이라는 단백질 분해 효소가 풍부해 육류의 소화에도 효과가 있기 때문이다. 콩포트는 병을 뒤집지 않고 열탕 소독을 하면 보관 기간을 1년으로 늘릴 수 있다.

배잼 · 콩포트

호리병처럼 생긴 서양 배는 우리나라 배보다 단맛도 덜하고 질감도 단단해 잼이나 콩포트를 만들어 먹는다. 우리나라 배는 달고 시원해 잼이나 콩포트를 만드는 것보다는 그냥 먹는 게 더 맛있지만 단맛이 덜한 배를 잼이나 콩포트로 만들어 두면 이국적인 맛을 즐길 수 있다.

✚ 배잼

재료 | 배 과육만 1개(500g), 설탕 1컵(200g), 레몬즙 2큰술

만들기
1. 배는 잘 씻어 껍질을 벗기고 곱게 채 썬다.
2. 1을 냄비에 담고 설탕과 레몬즙을 뿌려 버무려 그대로 둔다.
3. 설탕이 녹으면 센 불로 끓인다.
4. 끓어오르면 중약불로 줄여 주걱으로 저어 가며 배가 부드럽게 무르도록 조린다.
5. 뜨거울 때 바로 소독한 병에 담고 뒤집어 식힌다.

✚ 배콩포트

재료 | 배 과육만 2/3개(300g), 설탕 2/3컵(150g), 화이트와인 2컵, 레몬 슬라이스 4쪽
계피스틱 약간

만들기
1. 배는 잘 씻어 껍질을 벗기고 씨를 제거한 뒤 과육만 큼직하게 썰어 작은 꽃모양 틀로 찍는다.
2. 냄비에 설탕과 화이트와인을 넣고 설탕이 녹을 때까지 끓인다.
3. 설탕이 녹으면 1의 배와 레몬 슬라이스, 계피스틱을 넣고 중약불로 15분 정도 끓인다.
4. 배가 말개지면 불을 끄고 바로 소독한 병에 담고 뒤집어 식힌다.

팁 tip_ 배를 곱게 채 썰어 사용하면 잼을 만들고 나서 약간 씹히는 질감이 있다. 배잼은 연육작용이 탁월해 고기 요리를 할 때 설탕처럼 단맛을 내기 위해 사용하면 좋고 향이 좋아 샐러드 드레싱을 만들 때 넣어도 된다. 배콩포트를 만들 때 레드와인을 사용하면 자줏빛 배콩포트를 만들 수 있다. 배콩포트는 아이스크림이나 팬케이크, 와플에 곁들이거나 샐러드나 요거트에도 어울린다.

모과청&모과잼

배청 · 석류청

향은 좋지만 맛없는 과일이 바로 모과다. 두세 개만 바구니에 담아 놓아도 맛난 향이 온 집안에 가득 퍼지지만 과육은 떫고 시고 딱딱하기가 꼭 나무 같다. 하지만 모과에는 인삼에 들어 있다는 사포닌, 사과산, 구연산, 비타민C 등이 함유되어 있어 피로해소 및 감기예방에 효과가 있다. 연둣빛이 빠지면서 노랗게 변하면 말리거나 청을 만들어 보관하는 것이 좋다. 모과청을 거른 뒤 절인 모과를 푸드프로세서에 넣고 곱게 갈아 조리면 색다른 잼이 된다. 모과청을 만들면 두 가지의 저장음식이 자동으로 만들어진다.

✚ 모과청&모과잼

재료 | 모과 1kg, 설탕 1.2kg, 베이킹소다 약간

만들기 1. 모과는 베이킹소다로 잘 문질러 씻어 길게 4등분하여 씨를 빼고 얄팍하게 썬다.
2. 1의 모과에 설탕의 2/3를 버무려 병에 담고 나머지 설탕을 부어 2~3개월 정도 숙성한다.
3. 청만 걸러 냉장 보관하고 과육은 갈아서 냄비에 담고 조린 뒤 잼을 만든다.

팁 tip_ 모과의 과육이 단단하므로 과육을 갈 때는 곱게 갈아야 잼의 식감이 부드러워진다.

그야말로 열풍이라 할 만큼 효소나 청 등이 유행이다. 자연에서 나오는 모든 것으로 효소나 청을 만들 수 있지만 결과물이 좋으려면 제철의 좋은 재료로 만드는 것이 가장 좋다. 배로 청을 만들 때는 약간 단단한 것을 사용한다.

미인은 석류를 좋아한다는 CM송이 한 때 장안의 화제였는데 석류는 까먹기는 번거롭지만 청으로 만들어 두면 언제든 먹을 수 있어 간편하다.

🔲 배청

재료 | 배 과육만 1½개(중간 크기 600g), 꿀 600g

만들기 1. 배는 잘 씻어 껍질을 벗겨 초승달 모양으로 자른다.
2. 1을 밀폐 용기에 꾹꾹 눌러 담는다.
3. 2에 꿀을 부어 3개월 정도 숙성시킨 뒤 면포에 걸러 청만 보관하여 먹는다.

🔲 석류청

재료 | 석류알만 2개 정도(중간 크기 500g), 설탕 2½컵(500g), 올리고당 1/2컵(100g)

만들기 1. 석류는 알만 까서 잘 씻어 체에 받쳐 물기를 뺀다.
2. 소독된 병에 석류알과 설탕의 2/3를 버무려 넣고 올리고당을 붓고 나머지 설탕을 덮어 준다.
3. 2~3개월 정도 숙성한 뒤 청만 걸러 냉장 보관한다.

팁tip_ 유기농 배라면 껍질까지 숙성하는 것이 좋다. 배를 오래 담가 두면 떠올라 곰팡이가 생길 수 있으니 숙성이 끝나면 바로 걸러 보관해야 한다.

석류청은 색깔이 고와 차나 음료 이외에도 떡이나 제과제빵에도 사용된다. 천연색이라 시간이 지날수록 살짝 옅어지므로 냉장고에 넣어 두면 조금 더 오래 보관할 수 있다.

밤잼·콩포트

🌸 밤잼

재료 | 밤 3컵(600g, 24~26개), 물 1½컵, 설탕 2/3컵(150g), 소금 약간

만들기 1. 밤을 잘 씻어 밤이 1/3정도 잠길 만큼 물을 붓고 삶아 껍질을 벗겨 과육만 준비한다.
2. 냄비에 1의 밤과 물, 설탕을 넣고 중약불로 윤기 나게 조린다.
3. 한김 식으면 푸드프로세서에 갈아 냄비에 담고 우르르 끓여 소독한 병에 담는다.

🌸 밤콩포트

재료 | 밤 3컵(600g, 24~26개), 설탕 1컵(200g), 물 2컵, 소금 약간

만들기 1. 밤은 잘 씻어 뜨거운 물을 부어 물이 식을 때까지 둔다.
2. 1의 밤의 겉껍질과 속껍질을 벗긴다.
3. 설탕과 물을 냄비에 담고 설탕이 녹을 정도로 끓인다.
4. 3에 2의 밤을 넣고 중약불로 20분 정도 조린 뒤 소금을 약간 넣고 불을 끈다.
5. 4를 바로 소독한 병에 담고 뒤집어 식힌다.

팁 tip_ 밤을 삶아서 조리해야 지나칠 정도로 검게 변하는 것을 막을 수 있다. 밤잼은 냉동시켜도 맛이 잘 변하지 않는다.

밤에 뜨거운 물을 부으면 껍질을 벗기기가 쉽다. 시럽에 바닐라 빈이나 브랜디를 조금 넣으면 마롱 글라세와 아주 흡사한 맛을 낼 수 있다.

고구마잼

고구마는 맛과 영양을 골고루 갖춘 식품이다. 식이섬유소가 많아 변비 예방에 좋고 다른 곡물에 비해 열량이 낮고 비타민이 풍부해 곡류 대신 섭취해도 무방하다.

재료 | 고구마 2개(중간 크기 300g), 건포도 2큰술, 설탕 1/2컵(100g), 올리고당 1/4컵(50g)

만들기
1. 고구마는 껍질을 벗기고 사방 1센티미터 크기로 잘라 찬물에 담가 녹말성분을 제거하고 체에 받친다.
2. 건포도는 흐르는 물에 씻어 그대로 두어 부드럽게 불린다.
3. 1의 고구마가 잠길 정도의 물을 부어 고구마가 익을 때까지 끓인다.
4. 3의 고구마와 건포도를 냄비에 담고 설탕과 올리고당을 부어 센 불로 끓인다.
5. 끓어오르면 중약불로 줄이고 주걱으로 저어 가며 되직하게 조린다.
6. 따뜻할 때 소독된 병에 담고 뒤집어 식힌다.

팁tip_ 고구마가 부드럽게 으깨지면서 잼의 형태가 되는데 녹말성분으로 인해 타기 쉬우므로 부지 런히 주걱으로 살살 저어 가며 조려야 바닥에 눌어붙지 않는다.

고구마조청

설탕이나 물엿을 쉽게 구할 수 있는 요즘과 달리 예전에는 가을에 조청을 고았다가 단지에 넣고 단맛이 필요할 때마다 아껴서 사용했다. 가래떡을 석쇠에 올려 노릇노릇 구워 찍어 먹으면 조청의 맛은 그야말로 꿀맛이다.

재료 | 고구마 2개(300g), 찹쌀 2컵(300g), 생강 1/4쪽(50g), 엿기름 2컵(200g), 물 20컵
밥물 약간

만들기 1. 엿기름은 물과 섞어 둔다.
2. 고구마는 잘 씻어 껍질을 대충 벗기고 큼직하게 깍둑 썬다.
3. 찹쌀은 잘 씻어 1의 고구마를 섞어 물을 약간 모자라게 잡아 고두밥을 짓는다.
4. 3을 큰 볼에 담고 엿기름과 섞은 물을 부어 고루 섞는다.
5. 4를 보온으로 7~8시간 삭힌다.
6. 면보자기나 거름망에 5의 물만 걸러 내어 냄비에 담고 중약불로 저어 가며 되직하게 조린다.
7. 깨끗하게 소독된 병에 담는다.

팁tip_ 늙은호박도 같은 방법으로 조청을 만들 수 있고 늙은호박과 단호박을 섞어서 만들어도 괜찮다. 조청을 조리는 과정에서 농도가 너무 되직하면 식은 다음 딱딱하게 굳으므로 농도 조절에 주의해야 한다.

땅콩잼

부드럽고 고소한 땅콩잼은 볶다가 태워 쓴맛으로 만들기도 하지만 한 번 만들어 보면 신선한 고소미에 푹 빠져 헤어나오기 힘들다. 물론 시판 땅콩버터나 잼이 훨씬 저렴하다.

재료 | 깐땅콩 3컵(150g), 현미유 2~3큰술, 꿀 3큰술, 소금 1/2작은술

만들기 | 1. 달군 팬에 껍질 벗긴 땅콩을 넣고 갈색이 날 때까지 볶는다.
2. 2의 땅콩을 분쇄기나 푸드프로세서에 넣고 기름이 나올 때까지 간다.
3. 현미유를 조금씩 넣어가며 부드럽게 간다.
4. 꿀과 소금을 넣고 간을 맞춘 후 냉장 보관한다.

팁tip_ 땅콩은 색이 나기 시작하면 금방 타버리므로 중불에서 주의하며 볶아야 한다.

감식초

정성이 가득 담긴 감식초는 초산, 구연산, 사과산 등 유기산이 풍부하고 탄닌 성분을
다량 함유하고 있어 다이어트와 감기예방에 좋다.

재료 | 홍시 10개

만들기 1. 홍시는 잘 씻어 물기를 제거하고 꼭지를 딴다.
2. 1의 홍시를 살짝 으깨어 밀폐 용기에 켜켜이 담는다.
3. 6개월 정도 그대로 두어 숙성한다.
4. 면포에 물만 걸러 소독된 병에 담아 보관한다.

연근청 · 마청

과일이 아닌 채소로 청을 만들 때는 손질에 주의해야 한다. 특히 연근은 구멍 사이사이에 물이나 흙이 남아있을 수 있으므로 깨끗하게 손질해야 발효 중 곰팡이가 피거나 쉬어버리지 않는다.

마는 당뇨와 치매, 소화 장애, 변비와 비만 등의 치료와 개선에 효과가 있는 건강식품이지만 맛있게 먹기는 쉽지 않다. 또 수분이 많아 저장하기도 쉽지 않기 때문에 말리거나 절이면 오래오래 제철 마의 풍미를 느낄 수 있다.

✚ 연근청

재료 | 연근 2½개(중간 크기 500g), 설탕 2½컵(500g), 올리고당 1/2컵(100g)

만들기
1. 연근은 잘 씻어 물기를 닦아 내고 동그란 모양을 살려 도톰하게 썬다.
2. 1의 연근을 2/3 분량의 설탕에 버무려 밀폐 용기에 담는다.
3. 2에 올리고당을 붓고 나머지 설탕을 부어 떠오르지 않게 돌봐주며 3개월 정도 숙성한 뒤 청만 걸러 보관한다.

✚ 마청

재료 | 마 6~8개(둥근 마 1kg), 설탕 1kg, 올리고당 1½컵(300g)

만들기
1. 마는 껍질을 솔로 문질러 씻어 도톰하게 썬다.
2. 1의 마를 2/3 분량의 설탕에 버무려 밀폐 용기에 담는다.
3. 2에 올리고당을 붓고 나머지 설탕을 부어 떠오르지 않게 돌봐주며 3개월 정도 숙성한 뒤 청만 걸러 보관한다.

팁tip_ 연근청에서 건져낸 연근으로 장아찌를 담가도 맛이 있는데 장아찌를 담글 계획이라면 껍질을 깨끗이 벗겨서 사용해야 한다.

절인 과육을 요거트나 과일과 갈아 먹을 목적이라면 마의 껍질을 벗긴 뒤 만든다. 마는 감자처럼 울퉁불퉁한 둥근 마와 우엉처럼 긴 장마가 있는데 제철의 마는 어떤 종류를 사용해도 상관이 없다.

무꿀청 · 인삼대추꿀절임

가을 무는 인삼과도 바꾸지 않는다는 말이 있다. 사시사철 흔하게 보는 무지만 찬바람이 나면 어찌나 달고 맛도 좋은지 십년 묵을 체증이 쑤욱 내려가는 그 시원함에 인삼 만큼 효능이 좋을 것 같기는 하다.
몸에 좋다는 이유로 사와서 쓴맛에 묵히게 되는 가을 식재료가 바로 인삼이다. 수분이 많은 햇인삼은 송송 썰어 제철 단짝인 생대추와 꿀에 재워 두면 겨울철 가족의 보약이 따로 없다.

✚ 무꿀청

재료 | 무 1개(중간 크기), 레몬 1개, 베이킹소다 약간, 꿀 4컵(약 1kg)

만들기
1. 무는 잘 씻어 껍질째 얄팍하고 동그랗게 썬다.
2. 레몬은 베이킹소다로 잘 문질러 씻어 껍질만 필러로 벗겨 내고 즙은 짜낸다.
3. 병에 무와 레몬 껍질, 레몬즙을 층층히 넣고 꿀을 부어 무가 완전히 잠기게 한다.
4. 일주일 정도 숙성한 뒤 시럽만 걸러 따뜻한 물에 타 먹는다.

✚ 인삼대추꿀절임

재료 | 인삼 1줌 반(300g, 10~12대), 생대추 2컵(200g), 꿀 3컵(700g)

만들기
1. 인삼은 솔로 문질러 잘 씻어 뇌두를 제거하고 굵직하게 다진다.
2. 생대추는 잘 씻어 씨를 빼고 굵직하게 다진다.
3. 1과 2를 섞어 병에 담고 꿀을 부어 2~3개월 숙성한다.

팁tip_ 무는 속병을 고칠 만큼 소화 효소도 풍부하지만 천연면역제인 비타민C도 풍부해 그야말로 가을겨울 효자 식재료다. 과육보다 껍질에 비타민이 풍부하므로 껍질은 솔로 박박 문질러 씻어서 다 먹는 것이 좋다. 무절임은 수분이 많이 나와 쉽게 상하므로 무의 수분이 다 빠지면 체에 걸러 청만 따로 서늘한 곳에 보관하였다가 쓰는 것이 좋다.
인삼대추꿀절임의 시럽은 따뜻한 물에 타 먹거나 요리에 사용하고 절인 과육은 떡을 만들거나 베이킹을 할 때 사용한다.

유자청 · 유자주머니

✿ 유자청

재료 | 유자 22~25개(3kg), 설탕 3kg, 올리고당 2½컵(500g), 베이킹소다 약간

만들기 1. 유자는 베이킹소다로 잘 문질러 씻은 후 초승달 모양으로 자른다.
2. 씨를 빼고 과육과 껍질을 곱게 채 썬다.
3. 2의 과육에 설탕의 2/3를 버무려 병에 담고 나머지 설탕과 올리고당을 부어 2
~3개월 정도 숙성한다.
4. 그대로 두거나 청과 건지를 분리해 냉장 보관한다.

✿ 유자주머니

재료 | 유자 30개(작은 크기 3kg), 배 1개, 사과 1개, 대추 10알, 설탕 1컵, 명주실 약간

만들기 1. 유자는 잘 씻어 물기를 빼고 완전히 벗겨지지 않도록 4~6쪽으로 나누어 과육
과 껍질을 분리한다.
2. 과육의 씨를 제거하고 굵직하게 채 썰고 배, 사과, 대추는 잘 씻어 씨를 빼고
곱게 채 썬다.
3. 2를 1속에 동그랗게 뭉쳐 채워 넣고 명주실로 고정한다.
4. 3을 병에 채워 넣고 끓여 식힌 시럽을 붓고 설탕을 덮어 1~2개월 정도 숙성시
킨다.

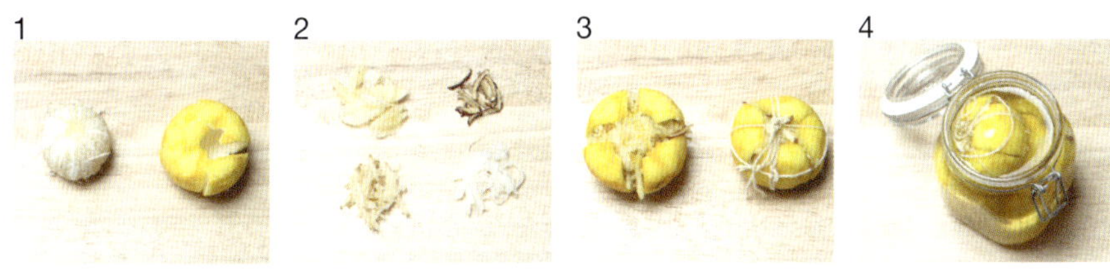

팁tip_ 유차청은 펙틴질이 나와 끈적끈적해져서 건지와 청을 그대로 함께 차로 마시거나 청만 따라
내고 건지와 청을 따로 사용할 수도 있다. 수분감이 없어 올리고당을 넣어주면 더 빨리 맑은 청이 생
긴다. 유자청은 차, 제과제빵, 샐러드나 무침의 단맛을 내는 조미료로 사용한다.
유자주머니용 유자는 크기가 작을수록 좋다. 시럽을 만들어 붓기 때문에 날씨가 따뜻해지면 보글보
글 끓어오르므로 정월대보름 전에 다 먹는 것이 좋고 선물을 할 때는 유자주머니와 시럽을 병에 담
고 '언제쯤 드세요' 라고 짧은 메모를 동봉하면 받는 분도 좋아한다.

귤잼 · 마멀레이드

귤은 껍질이 서로 닿으면 무르거나 상하게 되는데 한두 개 상하기 시작하면 어느 새 상자 전체로 번지게 된다. 귤이 약간 무르거나 먹다 남긴 귤을 모아 두었다가 잼을 만들어 빵에 발라먹으면 생귤과는 또 다른 풍미를 느낄 수 있다.

마멀레이드는 시트러스류의 과일을 껍질과 함께 조린 것을 말한다. 과육의 단맛과 껍질의 영양까지 모두 맛볼 수 있는 당조림 식품이지만 껍질이 들어가기 때문에 쓴맛이 남게 된다. 쌉쌀한 맛이 싫다면 껍질의 하얀 내피를 제거하고 만드는 것이 좋다.

✚ 귤잼

재료 | 귤 10개(중간 크기 800g), 설탕 2/3컵(150g), 올리고당 3큰술

만들기　1. 귤은 껍질을 벗긴 후 바닥이 두꺼운 냄비에 담고 손으로 대충 으깨어 설탕을 부어 잠깐 둔다.
　　2. 설탕이 다 녹으면 센 불로 끓인다.
　　3. 끓어오르면 중약불로 줄여 주걱으로 저어 가며 농도가 나게 조린다.
　　4. 걸쭉해지기 시작하면 올리고당을 넣고 우르르 끓여 불을 끈다.
　　5. 뜨거울 때 병에 담아 뚜껑을 닫고 뒤집어 식힌다.

✚ 귤마멀레이드

재료 | 귤 10개(중간 크기 800g), 레몬 1/2개 정도(50g), 설탕 1½컵(300g), 베이킹소다 약간

만들기　1. 귤과 레몬은 베이킹소다로 문질러 씻는다.
　　2. 1의 귤과 레몬을 껍질째 얄팍하게 썬다.
　　3. 냄비에 2의 귤과 레몬을 담고 설탕을 부어 설탕이 녹을 때까지 둔다.
　　4. 설탕이 녹으면 센 불로 끓인 뒤 끓어오르면 중약불로 줄인다.
　　5. 주걱으로 저어 가며 농도가 생길 때까지 조린 뒤 뜨거울 때 소독한 병에 담는다.

팁 tip_ 한라봉의 과육을 귤처럼 사용하면 풍미가 좋은 한라봉잼을 만들 수 있다. 귤잼은 돼지고기나 생선 요리를 할 때 양념장에 설탕처럼 사용하거나 밑간을 할 때 사용하면 육질이 부드러워지고 누린내나 비린내를 없앤다. 귤잼의 단맛과 무른 식감이 싫다면 씹히는 질감과 쌉쌀한 맛이 있는 마멀레이드가 좋다. 마멀레이드는 잼보다 향이 진해 따뜻한 물에 타서 과일차로 마셔도 된다.

귤콩포트 · 금귤콩포트

❖ 귤콩포트

재료 | 귤 10개(중간 크기 800g), 설탕 2/3컵(150g), 올리고당 3큰술

만들기　1. 귤은 속껍질을 벗긴 후 바닥이 두꺼운 냄비에 담고 설탕을 부어 잠깐 둔다.
　　　　　2. 설탕이 다 녹으면 중불로 끓인다.
　　　　　3. 끓어오르면 약불로 줄여 주걱으로 저어 가며 농도가 나게 조린다.
　　　　　4. 걸쭉해지기 시작하면 올리고당을 넣고 우르르 끓여 불을 끈다.
　　　　　5. 뜨거울 때 병에 담아 뚜껑을 닫고 뒤집어 식힌다.

❖ 금귤콩포트

재료 | 금귤 5컵(500g, 40~45개), 설탕 1½컵(300g), 물 1컵

만들기　1. 금귤은 잘 씻어 6개 정도의 잔 칼집을 길게 넣는다.
　　　　　2. 설탕과 물을 냄비에 담고 센 불로 끓인다.
　　　　　3. 끓어오르면 1의 금귤을 넣고 금귤이 약간 부풀어 오를 때까지 조린 뒤 불을 끄
　　　　　　 고 식힌다.
　　　　　4. 3의 과정을 2~3회 반복하여 금귤껍질이 말개지도록 익힌다.
　　　　　5. 뜨거울 때 소독된 병에 담고 뒤집어 식힌다.

팁 tip_　금귤콩포트는 너무 센불에서 조리면 풀어지므로 중약불로 은근하게 조린다. 금귤에 칼집을 넣으면 시럽이 더 빨리 침투해 말갛고 탄력 있는 콩포트를 조금 더 빨리 만들 수 있다. 콩포트를 반으로 자르거나 슬라이스 하여 아이스크림이나 팬케이크 등에 곁들이면 모양도 예쁘고 맛도 좋다.

귤청 · 금귤생강청

물러서 버리기 아까운 귤을 활용해 귤청을 만들다가 으슬으슬 몸살과 따끔따끔 아픈 목감기에 효능을 보게 되면 싱싱한 귤로 귤청을 만들기 시작한다. 아이들은 생강이나 유자청은 잘 먹지 않지만 향긋한 귤청은 잘 먹는다. 귤청은 겨울철 아이들 초기감기나 감기예방차로 좋은 홈메이드 상비약이다. 낑깡이라고 하는 금귤은 껍질과 과육을 함께 먹는 대표적인 건강 과일이다. 먹다 보면 신맛과 쓴맛이 강한데 이럴 때 청으로 담가 두면 금귤의 비타민A와 비타민C, 유기산을 건강하게 섭취해 피부미용과 피로해소, 면역력 증대의 효과를 볼 수 있다.

귤청

재료 | 귤 6개(중간 크기 500g), 설탕 2½컵(500g), 올리고당 1/2컵(100g), 계핏가루 1작은술

만들기
1. 귤은 베이킹소다로 문질러 씻은 뒤 동그란 모양을 살려 얄팍하게 썬다.
2. 1의 귤에 설탕의 1/2정도와 계핏가루를 버무려 병에 담고 남은 설탕과 올리고당을 부어 준다.
3. 2~3주 정도 숙성한 뒤 체에 걸러 건지와 국물을 분리하여 청만 따로 병에 담아 보관한다.

금귤생강청

재료 | 금귤 2컵(200g, 16~18개), 생강 30g, 설탕 1½컵(250g), 올리고당 1/4컵(50g)

만들기
1. 금귤은 잘 씻어 꼭지를 따고 동그란 모양을 살려 썬다.
2. 생강은 잘 씻어 껍질을 벗기고 모양을 살려 얄팍하게 썬다.
3. 금귤과 생강에 설탕의 1/2을 버무려 병에 담고 남은 설탕과 올리고당을 부어 준다.
4. 2주일 정도 숙성한 뒤 체에 걸러 건지와 국물을 분리하여 보관한다.

팁tip 귤청은 수분이 많이 나와 너무 오래 숙성하면 곰팡이가 생기기 쉬우므로 2주일 정도 숙성한 뒤에는 바로 걸러 냉장고에 보관하는 것이 좋다. 절인 과육을 조려두면 잼이나 차로 활용할 수 있다. 한방에서는 금귤을 간염, 위염의 치료에 사용하고 신맛이 있어 위장의 소화력을 높이고 식욕을 증진시키는 데 사용한다.

레몬잼·레몬필&시럽·레몬청

레몬 껍질의 쓴맛 때문에 저장식을 만들지 못할 것 같지만 그 신선한 맛은 잼부터 필, 시럽, 청까지 두루두루 만들 수 있다. 새콤달콤한 맛이 매력적이다. 수입 레몬은 일 년 내내 볼 수 있지만 신선한 국산 레몬은 12월 중순부터 1월에 구입할 수 있다.

✚ 레몬잼

재료 | 레몬 3~4개(400g), 설탕 1컵(200g), 꿀 2큰술

만들기 1. 레몬은 베이킹소다로 문질러 씻어 물기를 닦는다.

2. 레몬의 껍질과 과육을 분리하여 껍질은 곱게 채 썰고 과육은 씨를 제거한 뒤 굵직하게 다진다.

3. 곱게 썬 껍질을 끓는 물에 넣고 10분 정도 끓인 뒤 체로 건지는 과정을 3회 정도 반복한다(쓴맛이 돌면 한두 번 더 끓인다).

4. 냄비에 2의 과육과 3의 껍질을 넣고 설탕을 뿌려 설탕이 녹을 때까지 둔다.

5. 설탕이 녹으면 중불로 끓이고 끓어오르면 불을 끄고 설탕에 레몬 향이 배어들도록 완전히 식힌다.

6. 완전히 식으면 다시 중불을 켜고 주걱으로 저어 가며 되직한 농도가 되게 끓인다.

7. 6에 꿀을 재빨리 섞고 불을 끄고 소독된 병에 담고 뒤집어 식힌다.

팁tip_ 껍질과 과육이 함께 들어간 마멀레이드 스타일의 잼으로 껍질을 끓는 물에 데쳐 껍질의 쓴맛을 충분히 제거하여야 맛있게 먹을 수 있다.

레몬즙을 요리용으로 짜내고 남은 레몬 껍질로 필을 만든다. 필을 시럽에 조려두면 껍질을 버릴 일이 없고 레몬 향이 듬뿍 들어간 시럽을 얻을 수 있다. 껍질이 도톰한 한라봉도 필을 만들어 두면 좋다.

✤ 레몬필&레몬시럽

재료 | 레몬 3~4개(400g), 설탕 2컵(400g), 물 2컵

만들기　1. 레몬은 베이킹소다로 잘 문질러 씻어 물기를 제거한다.
　　　　　2. 레몬의 양쪽 끝을 제거하고 4~6등분하여 껍질을 벗긴다.
　　　　　3. 과육은 즙을 짜내고 껍질은 끓는 물에 10분 정도 끓인 뒤 체에 건져내는 과정을 2~3회 반복한다.
　　　　　4. 냄비에 레몬즙과 물, 설탕을 넣고 센 불로 끓인다.
　　　　　5. 4에 3을 넣고 불을 끈 뒤 하룻밤 재운다.
　　　　　6. 5를 체에 밭쳐 다시 시럽을 끓인 뒤 껍질을 넣는다(이 과정을 5~6회 반복한다).

✤ 레몬청

재료 | 레몬 4~5개(500g), 설탕 2½컵(500g), 베이킹소다 약간

만들기　1. 레몬은 베이킹소다로 문질러 잘 씻어 팔팔 끓는 물에 2~3분 정도 데친다.
　　　　　2. 1의 레몬의 양쪽 끝을 제거하고 동그란 모양을 살려 썰어 씨를 빼낸다.
　　　　　3. 2의 레몬에 설탕의 1/2을 버무린 뒤 병에 담고 남은 설탕을 부어 준다.
　　　　　4. 일주일 정도 숙성한 뒤부터 먹을 수 있다.

팁tip_　절인 필을 곱게 채 썰거나 다져 아이스크림이나 셔벗, 빵, 케이크, 떡 등에 넣어 먹으면 맛이 좋다. 필을 다 먹고 난 뒤 남은 시럽을 홍차나 탄산수 등에 넣어 마시면 풍미가 좋다.
레몬청을 떠낸 뒤에는 과육을 꼭꼭 눌러 청 위로 떠오르지 않게 하여야 곰팡이가 생기지 않는다. 무거운 것으로 눌러 두거나 꼭꼭 눌러 주는 것이 좋다. 레몬청은 증류수에 희석해 사용하면 천연보습제로도 좋다.